그림으로
읽는

I미있는 이야기

불리로 보는
스포츠

모치즈키 오사무 지음 | 이재우 감역 | 이영란 옮김

BM (주)도서출판 성안당

필자는 어렸을 때 구기 종목을 싫어했습니다. 게임 자체를 잘 몰랐기 때문입니다. 그런데 2~3년 전, 잘 모르는 학생 한 명이 저에게 '인원이 부족하니 농구팀에 들어와 달라'고 부탁을 한 적이 있습니다. 몇십 년 동안 농구를 하지 않아 불안했지만 스스로도 깜짝 놀랄 정도로 학창시절보다 훨씬 공을 잘 다뤄 게임이 너무 재미있었습니다. 농구는 농구공을 바스켓에 넣어 점수를 얻는 경기입니다. 점수를 얻기 위해서는 전략을 어떻게 짜야할지, 어떻게 움직여야 할지, 팀에서 나의 역할은 무엇인지 등을 이해해야 합니다. 어렸을 때는 아무 생각 없이 패스 받은 공을(당시는 서툴러서 공을 잘 받지도 못 했지만) 바스켓에 넣으려고만 했습니다. 농구를 제대로 이해하지 못하니 잘하지도 못하고 재미도 없었던 것입니다.

골프도 마찬가지였습니다. 컵에 공을 넣는다는 룰만 아는 상태에서 그냥 공을 치라는 이야기만 듣고 아무 클럽이나 골라 쳤더니18홀 라운딩을 끝내는 것이 너무 힘들었습니다. 그러던 어느 날, '퍼팅 골프'라는 것을 경험하고 나서야 비로소 골프란 것이 어떤 경기인지 이해하게 되었습니다. 이 날을 계기로 클럽은 어떻게 골라야 하는지 공의 어디를 쳐야 잘 날아가는지를 안 뒤 게임을 하면 더 재미있게 플레이할 수 있다는 것을 알게 되었습니다.

얼마 전, 인도네시아 자카르타에서 개최된 제18회 아시안 게임(2018년 8월 18일 ~ 9월 2일) 축구 예선에서 U-21 일본과 네팔의 경기를 TV로 보았습니다. 2020년 도쿄 올림픽을 겨냥하여 젊은 일본 선수들에게 국제 시합 경험을 쌓게 한다는 의미를 가진 경기였습니다. 앞으로도 일본 선수들은 많은 경기를 계속해야 하니 이번 경기는 1차전 정도라고 볼 수 있어 벌써 왈가왈부 하는 것이 옳지 않을 수도 있습니다. 하지만 1:0으로 일본이 이기기는 했어도 선수들이 어떤 전략을 갖고 경기에 임했는지 제 눈에는 조금도 느껴지지 않았습니다. 경기에 대해 잘 알지 못하고 공에 휘둘리기만 했던 농구와 골프가 떠올랐습니다. '내가 축구라는 경기를 제대로 이해하지 못하고 있지 않나'라는 느낌이 들었습니다.

'지금까지는 자신이 갖고 있던 재능으로 어느 정도 기록이 나왔지만 몸이 성장하면서 성적이 따라오지 않는다. 변화하는 몸에 따라 방법을 바꿔야 하는데 과거의 성공 경험에 사로잡혀 바꾸려고 해도 바꿀 수가 없다. 어떻게 하면 좋을까' 고민하는 사람도 많을 것입니다.

선배들의 조언은 그들이 체득한 경험이기 때문에 자신의 기술 향상은 오로지 자신의 감각에 의존해야 합니다. 선배들도 자신의 경험을 이치에 맞고 조리있게 설명하기 어렵기 때문에 그냥 '열심히 해'라든지 '근성을 보여줘'와 같은 정신론적인 조언을 많이 하게 됩니다. 이런 비과학적인 일들이 일본 스포츠계에 아직까지 비일비재하다고 느끼는 것은 비단 저뿐만이 아닐 것입니다.

모든 스포츠에는 '물리'를 빼놓을 수 없습니다. 물리학은 확실한 이론을 가지고 몸의 움직임을 증명합니다. 물리학을 오랫동안 연구해 온 저는 스포츠를 사랑하는 독자 여러분이 해당 스포츠를 정확하게 이해하려면 운동이나 역학을 다루는 물리학을 배우고 그것을 구사할 수 있는 능력을 익혀야 한다고 생각합니다. 이해를 하게 되면 근육을 효과적으로 사용할 수 있고, 또 사용하는 도구의 특성을 알면 지금까지와는 다른 훈련 방법을 만들어 낼 수 있습니다.

독자 여러분께서 이 책이 스포츠와 물리가 밀접하게 연결되어 있다는 것을 깨닫고 실제로 스포츠에 활용할 수 있으면 좋겠습니다. 마지막으로 이 책이 나오기까지 힘써 주신 에디티 100의 요네다 마사키 씨, 니혼분게이샤의 사카 마사시 씨에게 감사의 말을 전합니다.

모치즈키 오사무(望月 修)

9

제5장

격투기 · 무도 103
Combat Sports

제6장

새로운 기타 스포츠 115
New & Other Sports

10

제1장

육상 경기

Track & Field Sports

01 단거리 100m 달리기에서 인류가 도달할 수 있는 기록은 9.21초다?

'100m 달리기는 육상의 꽃'이라고 한다. 약동하는 인체의 근육이 하나 남김없이 폭발하는 경기이기 때문이다. 현재 100m 달리기 세계 신기록은 우사인 볼트가 세운 9.58초인데, 이것이 과연 사람이 도달할 수 있는 한계일까? 결론부터 말하자면 꼭 그렇지는 않다. 물리학의 원리와 발상을 이용하면 기록 경신은 아직 가능하다고 할 수 있다. 여기서는 기록 경신을 위해 개선해야 할 스타트부터 가속도가 붙을 때의 기울기 자세에 대해 생각해 보자.

땅에 닿은 발을 중심으로 몸을 기울이면 기울인 방향으로 쓰러진다. 그 이유는 배꼽 근처에 있는 무게중심이 땅에 닿은 발의 위치보다 앞으로 나갔기 때문에 ❶의 위치 관계에서는 반시계 방향의 힘의 모멘트[1]가 몸을 더 기울이게 하는 방향(❶의 W)으로 작용하기 때문이다. 이 상태에서 쓰러지지 않고 몸의 경사를 유지하려면 쓰러지는 방향과 반대 방향 즉, 시계 방향의 힘의 모멘트(❶의 T)가 걸리도록 해야 한다.

직접적인 힘을 이용하는 방법으로는 몸에 로프를 걸어서 누군가에게 당기게 하거나 강한 바람으로 밀리게 하는 방법 등이 있다. 하지만 가장 스마트한 방법은 가속도를 붙여 달리면서 관성의 힘이 걸리도록 하는 것이다. 이것은 움직이기 시작하는 전철에서 몸이 진행하는 방향과 반대 방향으로 받는 힘을 말한다. 물리에서는 도립 진자[2]가 쓰러지지 않도록 하기 위해 가속시키는 것과 똑같은 원리다. 참고로 '세그웨이'가 이를 이용한 예다.

---

1 **힘의 모멘트** 팔 길이×힘으로, 단위는 Nm(뉴턴미터)이다. 에너지 단위인 줄과 똑같기 때문에 회전 에너지라고 해도 된다.

2 **도립 진자** 일반 진자는 머리를 지점으로 흔들리지만(안정) 도립 진자는 발이 지점이 된다. 당연히 기울이면 기울인 방향으로 쓰러지므로(불안정) 제어가 필요하다.

그런데 무게중심을 기준으로 체중 및 관성의 힘을 가진 몸의 축에 대해 수직인 성분의 균형 관계를 살펴보면 각도 α는 중력가속도 $g[\text{m/s}^2]$와 달리는 가속도 $a[\text{m/s}^2]$(g:중력, a:가속도)와의 비를 다음과 같이 나타낼 수 있다.

$$\alpha = \tan^{-1}\left(\frac{g}{a}\right)$$

즉, 몸을 기울이는 각도는 체중과 상관없이 자신이 원하는 가속도로만 결정된다. 가령 a = 6.86m/s²의 가속도로 스타트했을 때 몸의 기울기는 $\alpha = \tan^{-1}(9.8/6.86) = 55°$가 된다. 이 가속도로 1.75초 달리면 속도는 12m/s가 되고 $1.75 \times 12 \div 2 = 10.5\text{m}$ 나아간다. 남은 100−10.5 = 89.5m를 이 최대 속도로 유지한 채 달리면 89.5÷12 = 7.46초가 걸리므로 ❷와 같이 가속도가 붙은 시간과 합하면 1.75+7.46 = 9.21초라는 기록이 나온다.

기록을 경신하기 위해서는 가속도를 올리고 짧은 시간 안에 최대 속도에 도달하게 한 뒤 이를 유지한 채 달려야 한다. 또한 가속도를 올리려면 몸을 좀 더 기울여야 한다. 이렇게 하면 물리학적으로는 신기록을 달성할 수 있다.

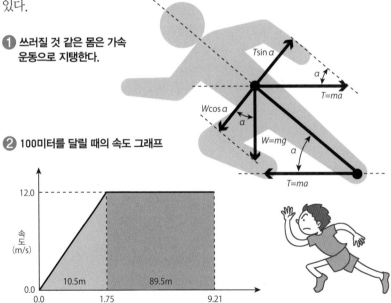

❶ 쓰러질 것 같은 몸은 가속 운동으로 지탱한다.

$T\sin\alpha$

α

$T = ma$

$W\cos\alpha$

α

$W = mg$

α

$T = ma$

❷ 100미터를 달릴 때의 속도 그래프

속도 (m/s)

12.0

0.0

10.5m

89.5m

0.0   1.75   9.21

시간(초)

02 마라톤은 포물선을 그리면서 달린다?

장거리

마라톤을 할 때는 어떤 힘이 필요할까? 마라톤을 물리 학적으로 보면 지면에 수직 방향으로 체중을 지지하는 힘과 앞으로 나아가 는 힘이 결합되어 달린다. 이 합력[1]의 방향이 지면을 차는 방향의 각도가 된 다. 마라톤의 경우 일정 속도로 달리므로 추진력 T는 그 속도로 달릴 때의 공기 저항력과 같아진다. 공기 저항력 D는 다음과 같다.

$$D = \frac{1}{2}\rho u^2 A C_d$$

여기서 C_d는 저항계수이다. 사람을 원통으로 비유하면 $C_d = 1.2$이다. A는 위쪽에서 본 사람의 정면 면적이고 평균적으로 $A = 1.3\text{m}^2$이다. 바람 과의 상대 속도는 u로 나타내는데, 바람이 불지 않을 때는 달리는 속도 자체 가 상대 속도가 된다. 맞바람의 경우는 풍속을 더하고 순풍인 경우는 풍속을 뺀다.

가령 42.195km의 거리를 2시간 10분에 달리는 마라톤 선수의 경우, 바람과의 상대 속도는 $u = 5.4\text{m/s}$이다. 또한 ρ는 공기의 밀도인데, 표 준 상태에서는 $\rho = 1.2\text{kg/m}^3$이다. 이것들을 가지고 저항의 힘을 구하면 $D = 1.2 \times 0.5 \times 1.2 \times 5.4^2 \times 1.3 = 27\text{N}$이 된다. 따라서 추진력은 $T = 27\text{N}$ 이므로 체중이 65kgf[2] $= 637\text{N}$인 사람의 경우, 지면을 차는 각도는 $\theta = \tan^{-1}(637/27) = 88°$가 된다. 이 각도는 거의 수직으로 차는 각도다.

체중 이상의 힘을 내면 위로 뛰어 오르고 무게중심은 한 발 한 발 포물선 을 그리며 이동한다. 뛰어 오르는 높이를 $Y_{\max} = 0.1\text{m}$로 하면 수직 방향 속

---

1 합력 역학에서 물체에 두 개 이상의 힘이 작용할 때의 힘과 효과가 같은 하나의 힘을 말한다. 합성력 이라고도 한다.

2 kgf와 N 둘 다 힘을 나타내는 단위다. 예를 들면 질량 60kg에 중력가속도 $g = 9.8\text{m/s}^2$를 곱하여 $60 \times 9.8 = 588\text{N}$으로 나타낸다.

도 $v_0 = 1.4\text{m/s}$, Y_{max}에 도달하는 시간 t_{ymax}는 속도 $v = 0$이 되는 시간이 므로 $t_{ymax} = 0.14$초가 된다. x_{max}에 도달하는 데는 이 시간의 배가 걸리므 로 0.28초가 된다. 수평으로 $u_0 = 5.4\text{m/s}$이고 x 방향으로 움직이기 때문에 $x_{max} = 1.51\text{m}$가 나온다. 즉, 보폭 1.51m로 달리는 사람이 0.1m로 상하운 동을 하고 있으므로 한 걸음 당 0.28초 걸린다.

42.195km를 1.51m 보폭으로 재면 걸음 수는 27,944 걸음이 된다. 여 기에 0.28초를 곱하면 7,824초가 되므로 총 2시간 10분 24초에 완주할 수 있다.

여기서 알 수 있는 것은 공중에 포물선을 그리고 있는 시간이 대부분이라 는 것이다. 다시 말하자면, 마라톤은 상하운동을 자제하고 직선적으로 달리 는 편이 좋다는 뜻이다.

이것은 $u_0 = 5.4\text{m/s}$를 전제로 한 결과이므로, 상하운동의 에너지 손실을 막고 이 속도를 유지하려면 일본의 마라톤 선수 가와우치 유키처럼 무게중 심을 똑바로 해서 달리는 방법이 물리학의 이치에 맞다고 할 수 있다.

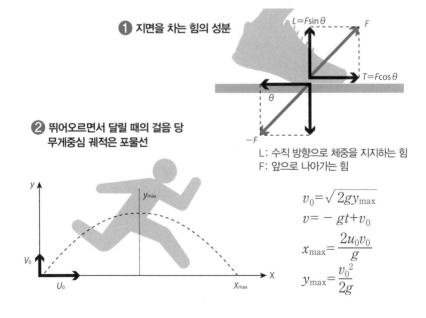

① 지면을 차는 힘의 성분

$L = F\sin\theta$

F

$T = F\cos\theta$

θ

$-F$

L: 수직 방향으로 체중을 지지하는 힘
F: 앞으로 나아가는 힘

② 뛰어오르면서 달릴 때의 걸음 당
무게중심 궤적은 포물선

$$v_0 = \sqrt{2gy_{max}}$$
$$v = -gt + v_0$$
$$x_{max} = \frac{2u_0v_0}{g}$$
$$y_{max} = \frac{v_0^2}{2g}$$

03 높이뛰기
바를 뛰어넘으려면 최적의 도약 속도가 필요하다?

높이뛰기는 4m를 달려와서 양 기둥에 걸쳐 있는 바를 뛰어넘는 경기이다.

높이뛰기 선수는 키가 크고 다리가 긴 것이 특징인데, 특히 여자 선수들 중에는 미인이 많다. 하지만 여기서는 남자 선수가 30° 각도로 진입해 지면에서 2.45m(세계 신기록 1993년, 하비에르 소트마요르/쿠바) 높이에 있는 바(bar) 중앙에 최대 높이 y_{max}가 되도록 포물선을 그리면서 뛰는 설정을 예로 설명하겠다.

먼저 도움닫기는 지면에서 무게중심 이동이 80cm인 높이를 지면과 수평이 되게 진행하고, 착지 매트로부터 75cm 떨어진 곳에서 도약한다. 이때 무게중심의 궤도는 높이 $y_{max} = 2.45+0.15-0.8 = 1.8$m이다. 착지를 $x_{max} = 3$m인 곳에서 한다면 도약 속도는 수평 방향으로 $u_0 = 2.48$m/s, 수직 위 방향으로 $v_0 = 5.94$m/s가 된다. 이 포물선은 무게중심이 바의 중앙 위 15cm 높이에서 통과하도록 하기 때문에 등이 거의 닿을락말락하게 넘어간다는 계산이 성립한다.

체중이 70kgf인 선수가 0.3초 동안 뛰어오르는 힘은 위쪽 방향 속도 $v_0 = 5.94$m/s를 주는 힘이다. 가속도는 $(5.94-0) ÷ 0.3 = 19.8$m/s²이므로, 여기에 질량 70kg을 곱하면 $F = 70 × 19.8 = 1386$N이 나온다. 이 힘은 약 141kgf의 추를 들어 올리는 힘에 해당한다. 이는 체중의 약 2배가 되는 힘으로 지면을 수직으로 차면 물리학적으로는 세계 신기록을 세울 수 있다는 것이다.

공기 저항을 고려하지 않는 자유 낙하 공식에서 알 수 있듯이 포물선 운동의 궤적을 나타낼 때 질량은 관계하지 않는다. 따라서 포물선 운동을 가

정하는 데 있어 체중이 가볍든 무겁든 상관없이 앞에서 설명한 도약 속도 $v_0 = 5.94$m/s를 낼 수 있다면 바를 뛰어넘을 수 있다.

이 속도를 내기 위해 필요한 힘은 $F = m(v-0)/\Delta t$로 나타낼 수 있다. 힘은 질량에 비례한다. 질량을 체중으로 바꿔 말하면 체중이 무거운 사람은 큰 힘이 필요하고, 가벼운 사람은 그 반대이다. 단, 체중의 2배에 달하는 힘이라는 사실은 바뀌지 않으므로 무거운 사람은 큰 힘이 필요하다. 따라서 키가 크고 마른 선수가 높이뛰기에 적합하다.

$$a = -g$$
$$v = -gt+v_0 \qquad x_{max} = \frac{2u_0 v_0}{g}$$
$$y = \frac{-1}{2}gt^2 + v_0 t \qquad y_{max} = \frac{v_0{}^2}{2g}$$
$$x = u_0 t$$

❶ 무게중심의 궤적은 포물선

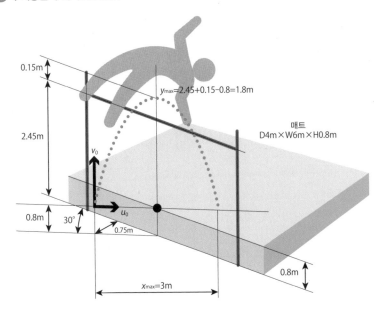

0.15m

y_{max}=2.45+0.15−0.8=1.8m

매트
D4m×W6m×H0.8m

2.45m

v_0

u_0

0.8m

30°

0.75m

0.8m

x_{max}=3m

04 멀리뛰기
도움닫기 스피드를 높여 1초 동안 떠 있으면 10m를 뛸 수 있다?

멀리뛰기 남자 세계 신기록은 1991년 마이크 파월(미국)이 세운 8.95m이다. 창던지기(옛날 규정), 원반던지기, 해머던지기, 포환던지기에 이어 5번째로 오랫동안 깨지지 않고 있는 기록이다.

그런데 공기 저항을 무시할 수 있다면 멀리뛰기의 도약방법도 역시 무게중심의 궤적은 포물선이 된다. 도움닫기부터 착지까지의 최대 거리 x_{max}는 수평 방향 속도 u_0에 공중에 떠 있는 시간 t_a를 곱한 것으로, $x_{max}=u_0 t_a$로 구한다. 여기서 거리 x_{max}를 길어지게 하려면 '달리는 속도를 올려야 한다', '공중 체재 시간을 늘려야 한다', '둘 다 늘려야 한다'는 것을 알 수 있다.

만일 u_0 = 9m/s로 달려왔다고 할 때 x_{max} = 8.95m를 얻기 위해서는 체공 시간 t_a가 0.994초가 된다. 이 시간의 반 동안 y_{max}에 도달해야 하므로 v_0 = (1/2)×t_ag = 4.87m/s가 되고, 그 결과 y_{max} = $v_0^2/2$g로 구한 공중 높이는 1.21m가 된다.

예를 들어 이 최대 체공 높이 y_{max}를 얻기 위해 체중 70kgf인 선수가 0.3초 동안 지면을 찼다고 하면 F = 70×(4.87−0)/0.3 = 1136N이 된다. 이것은 116kgf의 추를 들어 올릴 때의 힘과 같다. 수평 방향의 속도를 그대로 유지하면서 이 힘으로 지면을 차서 수직 위 방향의 속도를 얻어 공중으로 뛰어올라 떠 있는 동안 앞으로 나아가는 것이다.

참고로 달리는 속도를 u_0 = 10m/s로 올려서 도약한 후 그대로 1초 동안 떠 있을 수 있다면 말도 안 되는 세계 신기록인 10m를 뛸 수 있다. 이 1초 동안 공중에 떠 있는 상태를 만들려면 위쪽 방향으로 v_0 = 4.9m/s 뛰어올라야 한다. 그렇게 되면 떨어질 때까지 1초가 걸린다는 계산이 나온다. 이때 최고점의 높이는 1.23m이므로 앞의 예보다 2cm 높을 뿐이다. 따라서 세계 신기록은 달리는 스피드를 올리면 달성할 수 있다.

참고로 관객의 박수의 힘을 이용하여 뛰는 선수가 있는데 실제로 이것은 물리학적으로 어느 정도 힘이 될지 살펴보자.

예를 들어, 큰 소리의 박수 음압 레벨이 100dB(데시벨)이라고 했을 때 압력은 2Pa(파스칼)이다. 이 압력은 $2N/m^2$이므로 사람의 뒤 면적이 $0.85m^2$이라면 $2 \times 0.85 = 1.7N$로 미는 것이 된다. 무게를 환산하면 170g 정도의 힘이므로 뛰는 순간에 작용한다면 없는 것보다 낫다.

뛰는 자세를 연구하는 것도 재미있다. 거리 측정은 착지 시 모래에 묻은 흔적을 확인하고 도약판에서부터 가장 가까운 착지 흔적까지를 잰다. 대부분 착지 흔적에서 가까운 것은 뒤꿈치보다 엉덩이 부분이다. 발끝이 가장 멀리 착지하므로 무게중심이 발끝보다 뒤로 이동해서 엉덩이가 닿는 상태가 되기 때문이다. 하지만 착지할 때 굽힌 몸의 중심이 앞으로 오도록 뻗으면 앞으로 숙이는 자세가 된다. 그러면 착지에서 도약판과 가장 가까운 흔적은 발뒤꿈치가 되어 있을 것이다.

❶ 무게중심의 궤적은 포물선

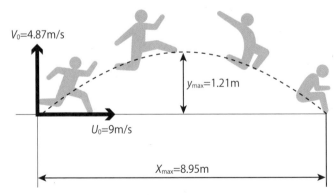

최대 높이: $y_{max} = v_0^2/2g$

공중에 떠 있는 시간: $t = x_{max}/u_0 = 2v_0/g$

05
장대높이뛰기

달리는 운동 에너지가
세계 신기록을 세우기 위한 결정타?

높이뛰기 세계 신기록은 2.45m이지만 폴을 사용하는 장대높이뛰기의 세계 신기록은 6.14m(1994년 세르히 부브카/우크라이나)로 굉장히 높다. 참고로 실내 세계 신기록은 스웨덴의 아르망 뒤플랑티스가 2020년에 세운 6.18m이다.

높이뛰기는 지면을 차는 발의 힘으로 바를 넘어 낙하하는 포물선 운동인 반면, 장대높이뛰기는 장대를 누르는 팔의 힘을 사용해 바를 넘어 낙하하는 포물선 운동이다.

장대높이뛰기에서 도약하는 선수의 무게중심이 바의 30cm 위를 통과하려면 수직으로 선 장대 위에서 거꾸로 설 때 바의 30cm 위 높이로 무게중심을 이동시켜야 한다.

❶을 참고해보면, 바의 높이를 세계 신기록인 6.14m로 가정했을 때 거기에 30cm를 더한 6.44m가 무게중심이 통과하는 높이가 된다. 장대를 쥐고 있는 손의 위치부터 무게중심까지의 거리를 1.3m로 계산하면 장대의 길이는 6.44-1.3 = 5.14m가 된다.

그런데 어프로치부터 바 근처까지 올라가는 무게중심의 궤적은 단순한 포물선이 아니다. 장대 끝을 바 아래의 지면에 설치되어 있는 '박스'라는 구멍에 꽂고 도움닫기처럼 장대를 활처럼 굽힌다. 장대의 탄력을 이용하여 무게중심이 위쪽 방향으로 끌려 올라가도록 하기 위함이다.

여기서 도움닫기를 할 때의 무게중심이 지면에서 80cm 높이가 된다고 하자. 이때 수직으로 돌아간 장대의 끝에 매달리면 무게중심의 위치가 5.14-1.3 = 3.84m가 되고, 여기에 도움닫기 시 무게중심의 위치 80cm를 빼면 들려 올라간 높이는 3.84-0.8 = 3.04m가 된다.

1 장대높이뛰기에서 세계 신기록인
6.14m를 뛸 때의 무게중심 위치

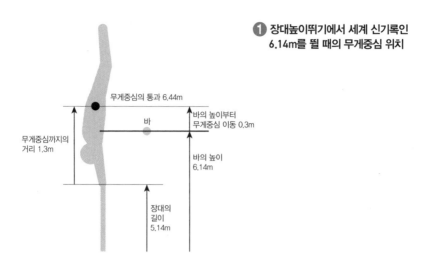

무게중심의 통과 6.44m

바

바의 높이부터
무게중심 이동 0.3m

무게중심까지의
거리 1.3m

바의 높이
6.14m

장대의
길이
5.14m

2 장대높이뛰기의 에너지 이동

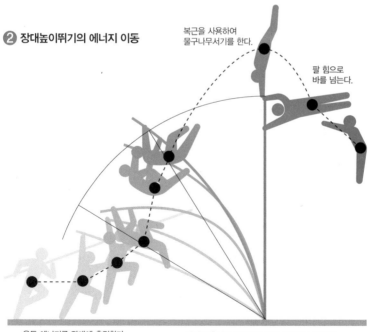

복근을 사용하여
물구나무서기를 한다.

팔 힘으로
바를 넘는다.

운동 에너지를 장대에 축적한다.

장대에 축적된 에너지를 위치 에너지로 바꾼다.

구체적으로 체중이 70kgf인 선수의 경우, 위치 에너지는 $E_p = mgh = 70 \times 9.8 \times 3.04 = 2085J$로 계산된다. 이 에너지를 장대를 휘게 하는 데 축적하기 위해 u m/s로 달리는 운동 에너지를 장대에 주입하게 된다. 운동 에너지는 다음과 같다.

$$E_k = \frac{1}{2} mu^2$$

이것과 위치 에너지의 관계로부터 다음 식이 나온다.

$$u = \sqrt{2gh}$$

따라서 여기에 $h = 3.04$m를 대입하면 $u = 7.72$m/s로 도움닫기 하는 것이 최적이라는 결론이 나온다.

장대의 휨 x m에 의한 에너지 E_B는 장대의 탄성 계수를 k로 하면 다음과 같은 계산식이 나온다.

$$E_B = \frac{1}{2} kx^2$$

여기에 k를 한쪽 끝이 고정된 길이 L의 장대 영률[1]을 E, 단면 2차 모멘트를 I로 하면 다음과 같은 식이 나온다.

$$k = \frac{3EI}{L^3}$$

휘는 양 $x = 3.04$m로 하면 $E_B = E_p$에 의해 $k = 451$N/m이 되고, 파이프 상태의 단면 2차 모멘트는 다음과 같이 나타낼 수 있다.

$$I = \pi \frac{D^4 - d^4}{64}$$

유리 섬유를 사용한 장대의 경우는 $E = 80$GPa이다. 길이 L을 $L = 5.14$m로 하면 I는 2.55×10^{-7}m^{4}이다. 장대의 굵기는 외경 $D = 0.050$m, 내경 $d = 0.032$m이다. 단, 이것은 장대높이뛰기에 사용하는 장대치고는 약간 굵을 수도 있다.

---

1 **영률** 재료에 추를 올렸을 때 얼마나 수축되는지 또는 어느 정도의 힘으로 당기면 어느 정도 늘어나는지를 나타내는 양. 수축되는 양이 작으면 그만큼 단단하다는 것을 나타내고, 반대로 많이 수축되면 부드럽다는 것을 나타낸다.

06

해머던지기

날아가는 각속력을 올리고 회전 반경을 길게 하면 세계 신기록?

해머던지기에 사용되는 쇠구슬의 직경은 120mm, 무게는 6.8kgf이다. 여기에 와이어와 손잡이 부분이 붙어 전체 길이는 120cm가 된다. 손잡이를 잡고 팔을 뻗은 채로 몸을 축으로 하여 4번 회전시킨 후 던진다. 팽이처럼 축이 되는 발이 닿은 지점을 중심으로 다른 한쪽 발로 지면을 차면서 회전을 지속시킨다.

2011년 세계육상대회에서 일본의 무로후치 고지 선수의 영상을 보면 4회전을 하는 시간은 1.75초다. 1회전은 각도로 말하면 360도이지만 라디안(rad)이라는 단위를 사용하면 360도는 2π rad에 해당한다. 따라서 4회전은 $2\pi \times 4$rad이 되고, 각속력 ω는 $2\pi \times 4$회전/1.75초 = 14.4rad/s가 된다.

손을 놓음으로써 향심력을 풀면 쇠구슬은 원주의 접선 방향으로 날아가는데, 그 속도 v는 $v = r\omega$이다. 회전축에서부터 잰 무로후치 선수의 팔 길이는 70cm이다. 따라서 추의 중심까지의 회전 반경은 $r = 0.70+1.2+0.06 = 1.96$m이므로 날아가는 속도 $v = 1.96 \times 14.4 = 28.2$m/s가 된다.

이 속도로 45° 위쪽 방향으로 날아갈 때 만일 공기 저항을 무시할 수 있다면 쇠구슬의 운동 궤적은 포물선을 그리고, 최대 높이는 $y_{max} = (v \times \sin45°)^2/2g = 20.3$m, 도달 거리는 $x_{max} = v^2\sin(2 \times 45°)/g = 81.1$m로 계산할 수 있다. 실제로 이때 무로후치 선수의 기록은 81.24m로, 무로후치 선수는 정말 물리의 법칙을 그대로 이용하여 던진 셈이다.

현재 세계 신기록은 1986년에 구소련의 유리 세디흐가 세운 86.74m다. 이 기록을 내려면 어떻게 해야 하는지 생각해 보자.

먼저 날아가는 속도 v를 올리기 위한 방법은 v의 정의 ($v = r\omega$)로부터 2가지를 생각할 수 있다. 하나는 각속력 ω를 올리는 것이다. 날아가는 속도를 역산하면 다음과 같다.

$$v = \sqrt{gx_{max}} = \sqrt{9.8 \times 86.74} = 29.16\text{m/s}$$

이로 인해 각속도는 $\omega = v/r$로부터 $\omega = 29.16/1.96 = 14.90\text{rad/s}$가 되므로 네 번 돌 때($2\pi \times 4\text{rad}$)의 시간을 계산할 수 있다. 즉, $t = 2\pi \times 4/14.90 = 1.69$초가 된다. 그래서 무로후치 선수가 1.75초에 4회전했던 것을 0.06초 단축시켜 회전을 하면 세계 신기록이 나온다는 셈이다. 회전시키는 다리를 조금 더 강하게 찼더라면 신기록을 달성했을 수 있다.

또 다른 방법은 회전 반경 r을 길게 하는 것이다. 쇠구슬부터 손잡이까지의 길이는 고정되어 있으므로 팔의 길이를 길게 늘려야 한다. 길이가 얼마나 길면 좋을지 역산해 보자. 날아가는 속도 $v = 29.16\text{m/s}$를 얻기 위해 앞에서 설명한대로 각속력 ω를 계산하면 $\omega = 14.4\text{rad/s}$가 되므로 $r = v/\omega$로부터 $r = 29.16/14.4 = 2.03\text{m}$가 나온다.

따라서 팔의 길이는 $2.03-(1.2+0.06) = 0.77\text{m}$가 되어야 한다. 이 계산을 바탕으로 무로우치 선수가 앞에서 가정한 70cm의 팔 길이를 물리적으로 7cm 늘려 77cm로 만들 수 있다면 조건은 다 갖추게 된다. 사람의 팔을 늘리는 것은 어렵겠지만 실제로는 팔이 붙어 있는 어깨를 앞으로 7cm 내밀면 가능하다(물리학자가 마음대로 생각한 것).

참고로 회전운동에는 쇠구슬의 원심력을 F_c로 하여 $F_c = mv^2/r$이 든다. 쇠구슬의 무게는 $m = 6.8\text{kg}$이므로 무로우치 선수가 쇠구슬을 회전시키면 F_c는 $F_c = 6.8 \times 28.2^2/1.96 = 2759\text{N}$이 된다. 따라서 쇠구슬의 원운동을 유지하기 위해 F_c 힘의 크기로 끌어당겨야 한다. 무게로 계산할 때는 $g = 9.8$로 나누므로 282kgf의 추를 들고 있는 것과 같다. 이 무게를 지탱하려면 팔의 힘만으로는 무리일 수 있으며 잘못하면 쓰러질 수도 있다.

그래서 카운터웨이트(균형추)가 어디에 있는지 알아보기 위해 회전할 때의 자세를 살펴보고자 한다. 무게중심이 회전축에서 19cm 정도 벗어나 있다.

무게중심의 접선속도는 $v_g = 0.19 \times 14.4 = 2.74$m/s이다. 이 거리의 차를 회전 반경으로 하여 무게중심에 걸리는 원심력 F_c 를 계산하면, 무로우치 선수의 체중은 99kgf이므로 $F_c = m_g v_g^2 / r_g = 99 \times 2.74^2 / 0.19 = 3912$N이 된다. 그렇다면 쇠구슬의 원심력에 의한 시계 방향의 힘의 모멘트(❷)를 무게중심의 원심력에 의한 반시계 방향의 힘의 모멘트로 상쇄되는 위치에 무게중심을 이동하면 균형이 잡힌다. 균형이 잡히는 위치는 $L \times 3912 = 1.32 \times 2759$로부터 $L = 0.93$m다. 무로우치의 회전 자세를 보면 허리를 93cm 위치가 되도록 낮춰 조정하고 있다.

큰 원심력을 지지하는 데 자신의 무게중심 원심력을 맞춤으로써 균형을 유지한다. 회전을 해야 하는 이유가 바로 여기에 있는 것이다.

❷ 무로우치 선수의 해머던지기

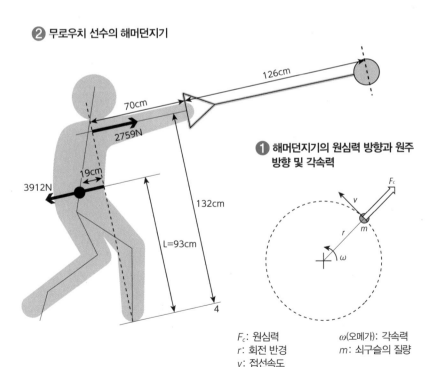

126cm

70cm

2759N

19cm

3912N

132cm

L=93cm

❶ 해머던지기의 원심력 방향과 원주 방향 및 각속력

F_c

v

r

m

ω

F_c: 원심력 ω(오메가): 각속력
r: 회전 반경 m: 쇠구슬의 질량
v: 접선속도

07 마라톤 속도로 도움닫기 하여 53° 방향으로 던지면 세계 신기록?

창던지기

창던지기 세계 신기록은 1996년, 얀 젤레즈니(체코)가 세운 98.48m이다. 남자용 창은 길이가 2.7m이고 무게는 800gf이다. 현재 창은 안전을 위해 100m 이상 날지 못하도록 규정되어 있다. 또한 초·중학생용으로는 창 대신에 길이가 70cm, 무게가 400gf인 터보 잽(로켓 모양으로 된 던지는 것)을 사용해야 한다.

창뿐만 아니라 물건을 V m/s 속도로 던질 때 공기 저항이 작용하지 않는 포물선 운동을 통해 45° 위쪽 방향으로 던지는 경우 그 속도로 낼 수 있는 최대 거리는 다음과 같다.

$$x_{max} = \frac{V^2}{g}$$

원래 최대 거리는 다음과 같이 나타내지만 $\theta = 45°$라면 $\sin 2\theta$가 최대치인 1이 되기 때문에 위와 같이 나타낸다.

$$x_{max} = \frac{V^2 \sin 2\theta}{g}$$

위 식을 보면 도달 거리는 던질 때의 속도 V의 제곱에 비례하기 때문에 V를 얼마나 크게 만드느냐가 중요하다는 것을 알 수 있다.

창이 포물선 운동을 하는 경우 거리가 98.48m 나오도록 하는 속도는 위 식으로부터 구해보면 다음과 같다.

$$V_{45} = \sqrt{gx_{max}} = \sqrt{9.8 \times 98.48} = 31.1 \text{m/s}$$

이 속도를 0.3초 만에 내려고 하면 팔의 힘 F는 $F = 0.8 \times (31.1 - 0)/0.3 = 83$N이 된다. 약 8.5kgf의 추를 들어 올리는 힘에 해당한다.

창던지기는 달리면서 창을 던지는 경기다. 달리는 효과를 살펴보자. 어떤 각도 θ로 던지는 속도 V_θ의 수평 방향 성분 $V_\theta \cos\theta$에 달리는 속도 u m/s가 더해지게 된다. 또 V_θ의 위쪽 방향 속도 성분은 $V_\theta \sin\theta$로 나타낸다. 던지는 속도 성분과 수평 방향의 속도 성분의 합성 속도의 방향이 수평에서 $45°$ 위쪽 방향이 되도록 하려면 이 둘이 똑같아야 한다는 조건이 나온다. 따라서 $V_\theta \sin\theta = V_\theta \cos\theta + u$의 관계가 된다. 이로써 V_θ, θ 및 u와의 관계에는 다음과 같은 관계가 성립한다.

$$V_\theta = \frac{u}{\sqrt{2}\sin\left(\theta - \frac{\pi}{4}\right)}$$

위 식은 팔을 흔드는 속도인데, 실제로 날아가는 물체의 속도 V_{45}와의 관계는 ❷로부터 다음과 같다.

$$V_{45} = \sqrt{2}\,V_\theta \sin\theta$$

이로부터 $V_\theta / V_{45} \leq 1$이 되려면 던지는 각도 θ는 $45°$ 이상이라는 것을 알수 있다.

세계 신기록을 생각하며 파라미터를 몇 가지 조합해 위에서 말한 식으로 계산한 결과를 표로 정리해 보니 마라톤 선수와 같은 속도 $u = 5.4\text{m/s}$로 달리고, 던지는 속도 $V_\theta = 27.5\text{m/s}$, $53°$ 방향으로 던지면 창은 $V_{45} = 31.1\text{m/s}$로 날아가 포물선을 그리면서 98.48m 날아가게 된다.

즉, 멈춘 상태에서 위의 속도를 내는 것보다 달리는 속도를 올리는 쪽이 멈춰서 던지는 것보다 83−73 = 10N만큼 덜한 힘으로 던질 수 있다.

멈춰서 던지는 속도 31.1m/s를 얻기 위한 달리는 속도와 던지는 각도의 관계

달리는 속도 (m/s)	던지는 속도 (m/s)	던지는 각도 (°)	던지는 힘 (N)
0	31.1	45	83
1.5	30.1	47	80
3.5	28.7	50	77
5.4	27.5	53	73
6.6	26.8	55	71
7.7	26.2	57	70
9.3	25.4	60	68

1 멈춘 상태에서 창을 던진다.

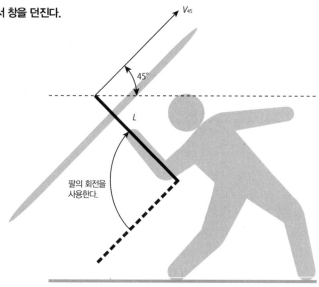

팔의 회전을
사용한다.

$$V_\theta \sin\theta = V_\theta \cos\theta + u$$

$$\therefore V_\theta = \frac{u}{\sin\theta - \cos\theta} = \frac{u}{\sqrt{2}\sin\left(\theta - \dfrac{\pi}{4}\right)}$$

$$V_{45}\sin\frac{\pi}{4} = V_\theta \sin\theta$$

2 달리면서 창을 던진다.

$$\therefore V_{45} = \sqrt{2}V_\theta \sin\theta$$

$$|V_{45}| = \sqrt{(V_\theta \cos\theta + u)^2 + (V_\theta \sin\theta)^2}$$

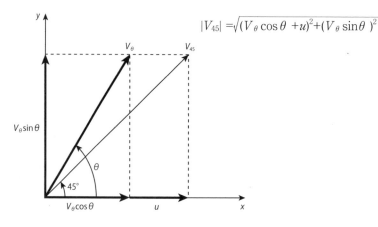

제 2 장

구기

Ball Sports

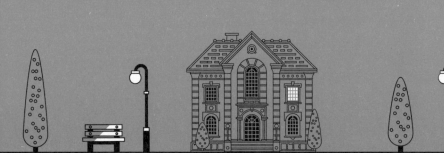

08 공을 컨트롤하는 트랩이란?

축구 ①

축구에서 공을 멈추게 해 자신이 다루기 쉽도록 하는 것을 '트랩'이라고 한다. 움직이는 공을 멈추게 하려면 공의 운동량을 흡수해야 한다. 운동량이란 공의 질량에 속도를 곱해서 나타나는 양을 말한다.

프로가 사용하는 5호 공의 무게는 450gf(= 0.45kgf)다. 이것이 10m/s(36km/h)의 속도로 날아온 경우 운동량은 $0.45 \times 10 = 4.5$kgm/s다. 날아오는 공의 속도를 0으로 만들려면, 공을 멈추게 하기 위해 운동량 4.5kgm/s를 0으로 바꾸고 이 운동량을 다리로 흡수해야 한다.

축구화를 신은 다리의 무게가 공 중량의 2배라고 가정해보자. 공과 다리가 닿는 순간에 날아오는 공의 방향을 향해 그 속도의 반으로 받도록 다리를 움직이면 공은 딱 멈춘다. 이때 0.1초에 멈추게 하려면 다리의 힘은 $0.45 \times (0-10)/0.1 = -45$N이 된다. 힘의 값에 마이너스 부호가 붙는 이유는 공이 날아오는 방향과 반대 방향으로 힘(약 4.6kg의 물체를 들어 올리는 힘에 해당)을 주기 때문이다.

또 1초에 걸쳐 공을 멈추게 하려면 -4.5N이 된다. 0.1초일 때와 비교하면 10분의 1의 힘으로 줄어든다.

즉, 공이 날아오는 방향으로 다리를 움직이면서 공이 다리에 닿는 시간을 길게 해 공을 멈추게 하면 다리에 드는 부담을 줄일 수 있다.

가슴에 닿게 하여 공을 멈추는 경우는 다리와 비교했을 때, 가슴 부분은 다리보다 무겁기 때문에 공이 닿는 순간에 가슴을 빼는 속도는 50분의 1 정도인 0.2m/s이다. 물론 공의 접촉 시간을 늘리면 가슴에 드는 힘이 줄어든다는 것은 앞의 이론과 같다.

다음은 컨트롤이 되도록 차는 방법을 생각해 보자. 공기 저항은 무시하도록 하자.

위쪽으로 힘껏 찬 공은 포물선 궤도로 날아가지만 가장 멀리 날리려면 45° 각도로 차 올려야 한다. 찬 공의 처음 속도가 22m/s라면 50m 날아간다.

공을 차는 다리의 무게가 공의 배인 0.9kg라고 하면 다리의 스피드는 공 빠르기의 반이 되어 11m/s가 된다. 다리를 들어 올려 찰 때까지의 시간이 0.1초 정도라면 이 정도의 속도가 나온다. 다리를 빙글빙글 회전시킨다고 가정하면 1초 동안 2회전 반을 돌릴 수 있는 속도다.

공의 중심을 통과하도록 차면 공은 회전하지 않고 날아간다. 이 스피드를 유지하고 무회전으로 날리면 공은 주위 공기 흐름의 영향을 받아 '무회전 슛'이 되므로 궤도가 일정하지 않는 상태로 날아가게 된다. 이 슛은 골키퍼가 잡기 어렵다. 그래서 플레이어가 있는 곳으로 정확하게 패스하기 위해서는

❶ 공을 다리로 트랩

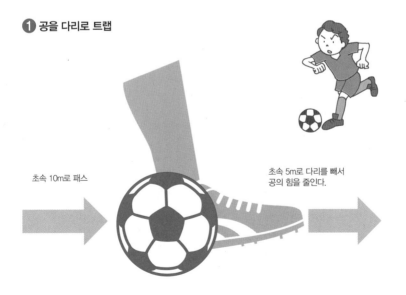

초속 10m로 패스

초속 5m로 다리를 빼서 공의 힘을 줄인다.

회전시키며 차야 한다.

공의 중심보다 아래쪽을 차면 ❷에 보이는 것처럼 공의 윗부분이 자신을 향해 회전하는 백스핀이 걸린다. 백스핀이 걸리면 비행기의 날개처럼 위쪽으로 힘이 작용해 포물선의 최고점보다 더 떠오르도록 상승하는 궤도가 그려진다. 단, 최고점까지 오르면 낙하하기 시작하기 때문에 포물선보다 멀리 날릴 수 없다.

공의 중심보다 위쪽을 차면 앞쪽으로 회전하는 톱스핀이 걸린다(❷). 이때 아래쪽으로 힘이 걸리기 때문에 포물선보다 궤도가 낮아져 낙하가 빨라진다. 공이 가장 잘 날아가지 않는 슛이다.

따라서 너무 강하지 않은 백스핀이 걸리도록 차면 비교적 안정된 포물선에 가까운 궤도로 날릴 수 있다.

❷ 공을 차는 위치에 따라 날아가는 방법이 달라진다.

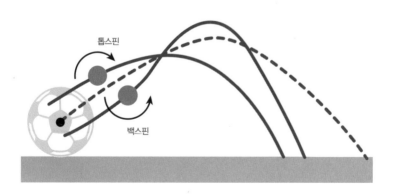

09 굴러가는 패스와 드리블을 차는 방법은?

축구 ②

공이 멈춰있을 때 공의 어느 부분을 차는지에 따라 나아가는 방법이 달라지기 때문에 공이 굴러가는 방법도 세 가지로 나뉜다. 예를 들어 지면에서 공의 직경의 0.833배인 위치(프로 사양 5호 공은 직경이 22cm이므로 지면에서 18.3cm인 부분)를 차면 공은 지면에서 미끄러지지 않고 처음부터 데굴데굴 굴러간다. 이 위치를 '굴려 차는 위치'라고 하자.

그렇다면 굴려 차는 위치보다 위쪽을 차면 어떻게 될까? 공 표면의 앞쪽으로 향하는 각속도가 공이 나아가는 속도(병진 속도)보다 빠르기 때문에 각속도를 줄이는 방향으로 마찰력이 작용한다. 마찰력이 작용하는 방향은 공이 나아가는 방향이므로 공의 각속도가 떨어지고 병진 속도가 가속된다. 처음에는 회전이 헛돌면서 미끄러지지만 각속도가 공의 이동 속도와 일치한 시점부터는 일정 속도로 굴러간다.

다음으로, 굴려 차는 위치보다 아래를 차면 느린 역회전을 하면서 미끄러져 나아가지만 결국 회전수가 올라가면서 나아가는 속도는 떨어진다. 이렇게 공이 굴러가는 방법은 세 가지 방법이 있다.

드리블에 대해서 살펴보자. 공이 굴러가는 속도와 선수가 달리는 속도가 같다면 선수와 공이 같은 부근에서 움직이게 된다. 이때 굴려 차는 위치보다 아래를 차면 공에는 브레이크가 걸려 컨트롤하기 쉬운 상태가 된다. 위쪽을 차면 공에 가속이 붙어 선수보다 앞쪽으로 굴러갈 수도 있다.

또 공의 중심보다 아래쪽을 강하게 차면 공이 날아올라 바운드하기 때문에 다루기 어려워진다.

상대를 따돌리면서 드리블을 할 때는 멈춰있는 공을 킵한다든지 달리는 속도의 완급을 조절한다든지 달리는 방향을 바꾸든지 하여 페인트를 걸 필

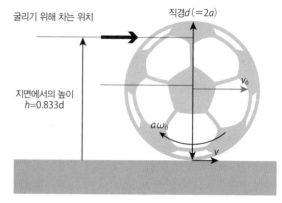

요가 있다. 그때그때 공을 다루는 방법은 연습을 통해 익혀야 하겠지만 공을 차는 위치는 굴려 차는 위치보다 아래를 의식하는 편이 좋다.

굴리기 위해 차는 위치

직경 $d(=2a)$

① **공을 미끄러지지 않고 굴리기 위해 차는 위치**

지면에서의 높이 $h=0.833d$

v_0

$a\omega_0$

v

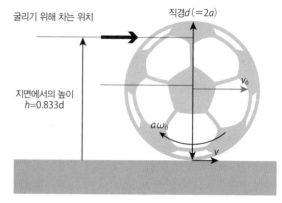

| 참고 | 계산식 |

- 공의 직경 $d = 2a$ (a는 반경)

- 미끄럼 속도 v, 굴러가는 속도 $a\omega_0$, J는 차는 충격량

$$v = v_0 - a\omega_0 = \frac{5a - 3h}{2am}J$$

- 미끄럼 없음 $v = 0 : h = \frac{5}{3}a$

  각속도 = 병진 속도

- 미끄럼 속도 $v < 0 : h > \frac{5}{3}a$

  각속도(시계 방향 회전) > 병진 속도, 마찰력은 (+x) 방향 → 회전을 감속, 병진을 증속

- 미끄럼 속도 $v > 0 : h < \frac{5}{3}a$

  각속도(반시계 방향 회전) < 병진 속도, 마찰력은 (−x) 방향 → 회전을 가속, 병진을 감속

구기

10

축구 ③

코너킥의 공과 헤딩 각도는?

이번에는 헤딩슛을 살펴보자.

❶과 같이 골 왼쪽 포스트로부터 6m 떨어진 위치에 슈터가 서 있는 포메이션에서 코너킥을 어떤 방향으로 차야 골을 노릴 수 있을까? 공은 프로가 사용하는 5호 공(직경 22cm, 무게 450g)을 기준으로 한다.

코너에서 슈터까지의 거리는 41.77m다. 이 거리를 2.46초에 날아온다고 하면 공의 속도는 17m/s이다. 이 17m/s 속도를 유지해 공을 헤딩한다고 하자. 코너에서 찬 공의 궤적은 골라인에 대해 직선으로 8.26° 각도로 날아온다. 왼쪽 포스트에서 자신을 이은 선으로부터 보면 왼손 방향으로 81.74°가 된다. 이 공의 코스를 헤딩으로 바꿔 골 안쪽으로 '왼쪽 포스트에서 50cm 떨어진 위치(❶의 Ⓐ 위치)로 슛한 경우', '골 중앙 위치 Ⓑ로 슛한 경우', '오른쪽 포스트로부터 50cm 안쪽 위치 Ⓒ로 슛한 경우'를 생각해보자.

골라인과 평행한 방향을 x 방향, 이것과 직각으로 자신이 본 골 방향을 y 방향이라고 하자. 골 중앙인 Ⓑ로 날린 경우 코너와 슈터, Ⓑ 지점을 이어서 나오는 삼각형은 ❶과 같은 둔각 삼각형이 된다. 삼각형의 정점에서 골라인으로 직선을 그으면 교점은 바로 골을 향해 왼쪽 포스트 위치가 되도록 슈터가 서 있는 것이다.

∠코너, 슈터, 왼쪽 골포스트는 ❶에서 90−8.26 = 81.74°이다. 따라서 Ⓑ로 날아가는 경우는 β = 31.38°이므로 이 삼각형의 둔각인 ∠코너, 슈터, Ⓑ는 81.74+31.38 = 113.12°가 된다.

이제 코너킥에서 공이 초속 17m/s(시속 61km)의 속도로 슈터에게 직선으로 날아온다고 하자. 이것을 헤딩하여 Ⓑ 지점으로 방향을 바꿔서 동일한 속도 17m/s로 방향을 바꾼 뒤 튕겨 날린다는 전제다. 헤딩의 힘을 끌어내기 위해서 날아오는 공의 속도 $u1 = 17\text{m/s}$를 x와 y 방향 성분으로 분해하여 각각을 $u1_x$, $u1_y$로 하면, $u1_x = 17 \times \cos(-8.26°) = 16.82\text{m/s}$, $u1_y = 17 \times \sin(-8.26°) = -2.44\text{m/s}$(각도의 마이너스 부호는 골라인부터 시계 방향을 잰 각도다)가 된다. 또 속도의 y 방향 성분에 마이너스 부호가 붙는 이유는 골을 향하는 방향이 플러스(정)이기 때문에 그와 반대로 골에서 떨어지는 방향으로 날고 있다는 것을 의미한다.

헤딩 후 공의 속도 $u2 = 17\text{m/s}$도 x, y 방향 성분으로 분해하면 $u2_x = 17 \times \sin(\beta) = 8.85\text{m/s}$, $u2_y = 17 \times \cos(\beta) = 14.51\text{m/s}$가 된다($\because \beta = 31.38°$). 헤딩으로 공에 주어진 힘 F는 공의 운동량 변화로 나타낼 수 있으므로 헤딩을 할 때 공(질량 $m = 0.45$)과의 접촉 시간을 $\Delta t = 0.1$초라고 하면 힘의 x, y 방향 성분 F_x, F_y로 나타낼 수 있다.

$$F_x = \frac{m(u2x - u1x)}{\Delta t} = \frac{0.45 \times (8.85 - 16.82)}{0.1} = -35.87\text{N}$$

$$F_y = \frac{m(u2y - u1y)}{\Delta t} = \frac{0.45 \times \{14.51 - (-2.44)\}}{0.1} = 76.28\text{N}$$

F_x의 값에 마이너스 부호가 붙는 이유는 날아온 방향과 반대 방향($-x$ 방향)이라는 뜻이다.

헤딩하는 각도는 수직선에 대해 다음과 같이 구할 수 있다.

$$a = \tan^{-1}\left(\frac{35.87}{76.28}\right) = 25.2°$$

힘의 크기 $|F|$는 다음과 같다.

$$|F| = \sqrt{F_x{}^2 + F_y{}^2} = \sqrt{(-35.87)^2 + 76.28^2} = 84.3\text{N}$$

이것은 추의 경우로 보면 8.6kgf를 들어 올릴 때의 힘이 머리에 걸리게 된다는 뜻이다.

이 헤딩의 힘의 방향은 사실 Ⓑ 지점 방향이 아니라 둔각의 반에 해당하는 각도 방향이다. 공의 속도를 바꾸지 않고 방향을 바꾸기만 하는 것이기 때문에 마치 벽에 비스듬히 충돌하는 반발계수가 1인 공의 반사와 같아진다. 즉, 입사각과 반사각이 같은 각도가 되기 때문에 힘의 방향이 딱 그 중심선의 방향과 일치한다. 다시 말하면 실전에서는 코너와 공을 넣고 싶은 지점의 각도의 절반 각도로 헤딩을 하면 좋다.

❶ 코너킥으로부터 공을 헤딩하는 각도

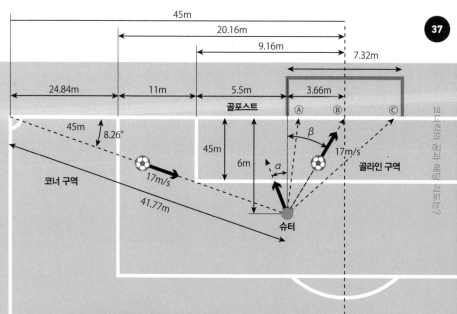

Ⓐ·Ⓑ·Ⓒ 위치에서의 헤딩 상황

	거리(m)	각도(°β)	헤딩 각도(°α)	도달 시간(초)	머리에 걸리는 힘(N)
Ⓐ	6.02	4.76	38.5	0.35	111.4
Ⓑ	7.03	31.38	25.2	0.41	84.3
Ⓒ	9.08	48.66	16.5	0.53	64.2

11
테니스
스핀볼의 각속도와 구속, 마찰의 관계는?

테니스공의 규격은 색이 흰색 또는 노란색이고 표면은 펠트 소재가 사용되며 무게는 56.0~59.4g, 직경은 6.54~6.86cm다. 높이 $h_1 = 254$cm에서 떨어뜨렸을 때 $h_2 = 135$~147cm까지 튀어 올라야 한다. 이로부터 반발계수 e는 다음과 같다.

$$e = \sqrt{\frac{h_2}{h_1}} = 0.73 \sim 0.76$$

테니스공의 마찰계수는 0.6이다. 서브를 할 때 처음 속도는 프로 선수인 경우 시속 200km(= 초속 55.6m)나 된다.

이런 테니스공이 다른 구기 공과 결정적으로 다른 점은 털이 밀집되어 있다는 점이다. 털에는 2가지 효과가 있다. 첫째는 공 주위의 기류가 차분해져서 공기 저항이 작아진다는 점이다. 그래서 날고 있는 공의 속도가 떨어지지 않고 예측하지 않은 방향으로 날아가지도 않는다. 공 표면에 털이 없으면 공

① 공의 털이 공기의 흐름을 바꾼다.

공기의 흐름

테니스공

공기의 흐름

매끈한 공

② 톱스핀과 백스핀

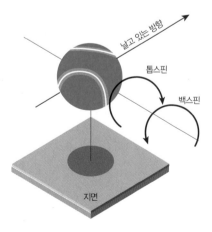

날고 있는 방향

톱스핀

백스핀

지면

뒷부분의 공기 흐름이 소용돌이쳐 공기 저항을 크게 받기 때문에 소용돌이의 영향으로 구체가 흔들리기 쉬워진다(❶).

두 번째는 지면에서 튀어 오를 때와 라켓에 맞았을 때 공이 털로 덮여 있기 때문에 지면이나 가트의 요철에 걸려 마찰이 커진다는 점이다. 때문에 공에 스핀을 쉽게 걸 수 있으며 코트에 닿은 공이 튀어 오를 때 모습이 복잡하게 바뀐다(❷).

스핀이란 공이 회전하는 것을 말한다. 톱스핀은 공이 나는 방향과 같은 방향으로 순회전하는 상태를 말하고, 이에 반해 공이 나는 방향과 반대 방향으로 역회전하는 상태를 백스핀이라고 한다.

공이 날아가는 속도와 공이 회전하는 속도의 관계는 공의 속도(구속)에 대해 각속도가 떨어진다는 관계를 가진다. 가령 톱스핀 공의 구속이 느리고 순회전이 빠르면 속도의 방향은 지면과의 접점에서 뒤쪽 방향이 된다(❸). 이때 마찰력은 각속도를 늦춤과 동시에 공의 진행 방향으로도 향하고 있기 때문에 이 회전 상태에서는 공이 지면에 닿음과 동시에 앞쪽을 향해 속도가 급속히 빨라진다.

❸ 스핀과 공의 속도 관계가 마찰력의 방향을 결정한다.

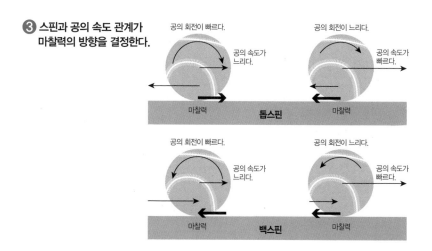

공의 회전이 빠르다.　　공의 속도가 느리다.　　마찰력　　**톱스핀**　　공의 회전이 느리다.　　공의 속도가 빠르다.　　마찰력

공의 회전이 빠르다.　　공의 속도가 느리다.　　마찰력　　**백스핀**　　공의 회전이 느리다.　　공의 속도가 빠르다.　　마찰력

반대로 공의 순회전이 느리고 속도가 빠르면 지면에 닿은 공의 속도는 앞 방향이 된다. 마찰력은 뒤쪽으로 걸려 공의 각속도를 올리기 때문에 공의 속 도는 느려진다. 하지만 공의 속도가 상당히 빠르면 공이 지면에 미끄러진 후 굴러간다.

백스핀의 경우 지면에 닿은 공의 회전 방향과 나아가는 방향이 같으므로 각속도와 공의 속도에 상관없이 진행 방향 뒤쪽으로 마찰력이 작용한다. 각 속도와 공의 속도를 더한 상태가 클수록 마찰력은 극대화되고 공 표면과 지 면이 빠른 속도로 닿아 마찰열로 뜨거워진다. 또한 뒤쪽으로 걸린 마찰력은 공의 회전을 늦추고 결국 백스핀에서 톱스핀으로 바뀐다.

다음은 공이 테니스 코트에 비스듬하게 충돌해서 튀어 오를 때를 생각해 보자. 마찰이 없는 경우 ❹와 같이 공이 나는 방향과 코트와의 각도가 42°이 고 속도는 27m/s로 충돌했다고 전제한다. 코트와 평행인 속도는 20m/s이 며 충돌해도 마찰이 없기 때문에 반사 후에도 속도는 20m/s이다. 하지만 코 트에 수직으로 충돌하기 전의 속도가 18m/s일 때는 충돌 후 튀어 오를 때 의 속도로 바뀌어 크기가 반발계수를 충돌 전의 속도에 곱하여 12.6m/s가

❹ 반발계수가 0.7인 공이 마찰이 없는 표면에 부딪히는 상태

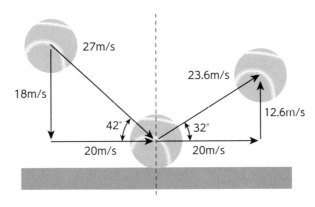

된다.

❹에서 충돌하여 튀어 오른 각도는 32°로, 튀어 오르기 전의 각도 42°와 비교하면 작아진다는 것을 알 수 있다. 반발계수가 작을(탄력이 작다)수록 충돌 후의 공은 작은 각도로 날아간다. 단, 반발계수가 1인 경우는 완전 반사라고 하여, 이때만큼은 충돌 전과 후의 각도가 바뀌지 않는다.

스핀을 하지 않고 무회전으로 충돌했을 때 마찰의 효과에 대해서도 생각해 보자. 이 상태에서는 코트에 충돌한 순간의 마찰력이 공의 수평 방향 속도를 감속시킴과 동시에 톱스핀이 걸린다❺. 코트와 수직 방향의 속도 성분도 반발계수만큼 감속된다. 때문에 충돌 후에 비스듬하게 나는 각도가 구속의 비율로 정해지는 것이다. 예를 들어 마찰로 인해 속도가 많이 줄어들면 각도를 크게 하여 위쪽 방향으로 날아올라 버린다. 또 마찰력이 걸리는 쪽이 진행 방향과 반대이므로 날아오르는 공에는 톱스핀이 걸린다.

❻과 같이 회전이 빠른 톱스핀 공이 어떤 각도로 코트와 충돌하면 튀어 오를 때에 공의 스핀이 올라가 예각으로 날게 되지만 회전은 약해진다. 스핀 회전이 느린 경우 충돌에 의해 스피드가 느려진다. 단 둔각으로 튀어 올라 회전이 빨라지는 경우도 있다.

❼과 같이 회전이 빠른 백스핀에서는 충돌할 때 공 스핀은 느려지고 튀어 오르는 각도 또한 둔각이 된다. 공의 회전도 느려지지만 톱스핀으로 회전이 바뀌는 경우도 있다. 이에 비해 처음부터 공의 회전이 느리면 튀어 오를 때의 스피드와 회전이 모두 느려진다. 튀어 오르는 각도는 처음과 비교해 크게 바뀌지 않거나 커진다.

스핀을 거는 방향 하나로 공의 움직임이 예상 외로 변화하지만 클레이나 잔디 등과 같은 코트 표면의 차이 또는 새 공과 사용한 공에서도 마찰계수가 다르므로 주의하는 것이 좋다.

⑤ 공이 무회전으로 표면에 충돌한 상태

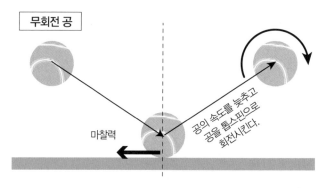

무회전 공

마찰력

공의 속도를 늦추고 공을 톱스핀으로 회전시킨다.

⑥ 톱스핀의 회전수 차이에 따라 튀어 오르는 방법이 다르다.

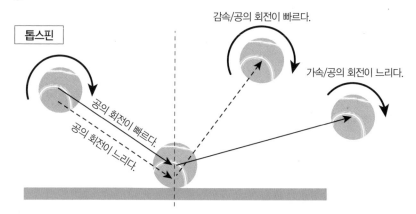

톱스핀

감속/공의 회전이 빠르다.

가속/공의 회전이 느리다.

공의 회전이 빠르다.

공의 회전이 느리다.

⑦ 백스핀의 회전수의 차이에 따라 튀어 오르는 방법이 다르다.

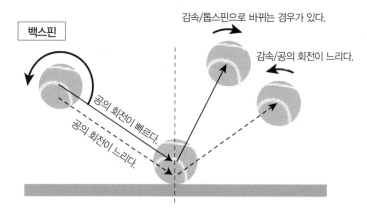

백스핀

감속/톱스핀으로 바뀌는 경우가 있다.

감속/공의 회전이 느리다.

공의 회전이 빠르다.

공의 회전이 느리다.

12
야구

번트한 공의 속도를 0으로 만드는 배트 사용 방법은?

번트의 달인이었던 일본 요미우리 자이언츠의 가와이 마사히로는 23년 동안 533번의 번트를 친 기네스 기록을 갖고 있다. 이 선수의 번트 성공률은 90%를 넘을 정도로 높다. 모두 알고 있듯이 번트는 배트의 그립과 무게중심 부근을 잡고 날아오는 공을 배트에 맞춰 내야로 굴러가게 한다. 배트를 눈높이 근처로 고정시키기 때문에 허공을 칠 확률은 낮다.

야구공의 직경은 7.4cm, 무게는 145g이다. 이 공이 137km/h(= 38m/s)로 날아온다고 가정하자. 고정시킨 배트에 공을 맞히면 어떻게 되는지는 ❷에서 설명하고 있다.

이에 대해 배트에 맞은 공의 속도를 0으로 만들어 아래로 뚝 떨어뜨리는 경우를 생각해 보자. 운동량 보존의 법칙에서 공이 날아오는 방향의 운동량을 0으로 만든다는 것이다. 운동량 보존의 법칙이란 공과 배트가 갖고 있는 운동량의 합이 변화한 후 각각의 운동량 합과 같다는 것을 말한다.

무게가 0.145kgf인 공이 38m/s 속도로 날아올 때의 운동량은 $p_{ball} = mv$ 로부터 $p_{ball1} = 0.145 \times 38 = 5.51$kgm/s가 된다. 배트의 무게는 0.910kgf이며 처음에는 멈춰 있는 상태이므로 속도는 0m/s이다. 따라서 배트가 갖고 있는 운동량은 $p_{bat1} = 0$kgm/s가 된다. 그래서 최초의 상태(표기는 1로 함)에서 운동량의 합은 $p_{ball1} + p_{bat1} = 5.51 + 0 = 5.51$kgm/s가 된다.

공을 배트에 맞힌 후(표기는 2로 함)에 공의 속도를 0으로 하려면 ($p_{ball2} = 0$) 배트의 운동량(p_{bat2})이 $p_{ball2} + p_{bat2} = 0 + p_{bat2} = 5.51$kgm/s이므로, $v_{bat2} = 5.51 / 0.910 = 6.05$m/s라는 수식이 성립한다. 즉, 공이 날아오는 방향과 같은 방향으로 배트를 6.05m/s 속도로 움직이면서 맞혀야 하

는 것이다. 이 경우 배트를 뒤로 빼면서 공을 맞히는데, 이것은 30cm 거리를 0.05초 안에 뒤로 빼는 속도다. 이때 공으로부터 받는 힘은 $0.145 \times \{0-(-28)\}/0.01 = 406N$으로, 약 41kg의 물체를 들어 올리는 힘과 똑같다. 여기서 배트를 움직이지 않고 공을 맞혔을 때보다 공으로부터 받는 충격이 작아진다는 것을 알 수 있다.

캐치볼을 할 때 글러브를 빼면서 잡으면 손이 아프지 않는 것과 똑같은 원리이기 때문이다.

❶ 번트 자세

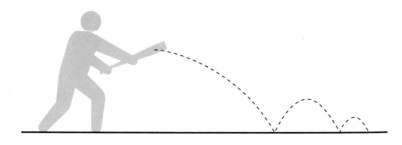

❷ 번트로 공의 속도를 0으로 만들기

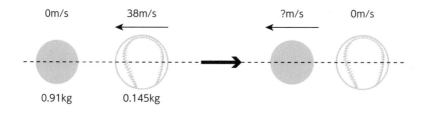

0m/s 38m/s ?m/s 0m/s

0.91kg 0.145kg

공과 배트의 반발계수는 0.4다. 배트를 움직이지 않고 공을 맞히면 공의 속도에 반발계수를 곱한 속도로 튀어나가기 때문에 $38 \times 0.4 = 15.2m/s$가 된다.
공을 허리 높이인 1m 부근에서 배트에 맞힌 경우 공이 지면에 떨어질 때까지 0.45초 걸리며, $15.2m/s \times 0.45s = 6.8m$ 앞 방향의 지면에 떨어져 굴러간다. 또 충돌 시간을 0.1초로 하여 배트를 움직이지 않도록 손으로 지탱하는 힘은 $0.145 \times \{15.2-(-38)\}/0.01 = 771N$이다. 이것은 순간적으로 (0.1초 동안) 79kgf의 물체를 들어 올리는 것과 똑같은 힘이다.

13 농구

슛의 궤도와 바운드 패스를 합리적으로 던지려면?

3점 슛 라인은 골 아래로부터 6.75m 떨어져 있다. 공을 2m 높이에서 슛하면 골은 그것보다 1.05m 높게 위치해 있다. 골대의 직경은 45cm, 공은 직경이 24.5cm이며, 무게는 650gf이다. 공이 바스켓 틀에 수직으로, 그리고 정중앙으로 들어가면 틀과 공 사이의 간격은 10.25cm이다.

그 다음 공이 틀과 비스듬한 각도로 들어가면 공에서 봤을 때 틀은 ❶에서 점선으로 표시한 타원으로 보인다. 이때 타원의 짧은 지름 d_s가 24.5cm 이상이 되지 않으면 공은 들어가지 않는다. 이것은 $d_s > 0.45 \times \sin\theta$에서 $\theta > 33°$로 구할 수 있다(❷). 최소한 이 각도를 유지해 공이 날아가는 포물선으로 던지면 된다는 것이다.

❸은 선수가 2m 높이에서 45° 방향으로 슛하는 모습이다. 골은 공을 던지는 기점에서 1.05m 높이에 있으며, 수평 방향으로 6.75m 떨어져 있다. 이 1.05m 높이(바닥에서 3.05m)에 위치한 골에 33° 각도로 공이 들어가기 위해 필요한 슛의 스피드 U m/s를 구해보자.

방정식은 다음과 같다.

$$u_0 = U\cos45°, \quad v_0 = U\sin45°$$

$$t = \frac{6.75}{u} = \frac{6.75}{U\cos45°}, \quad u = u_0, \quad v = -gt+v_0$$

$$\left|\frac{v}{u}\right|_t = \tan33°$$

이로써 U를 구하는 식은 다음과 같다.

$$U = \sqrt{\frac{6.75 \times 9.8}{\cos45° \times (\sin45° + \cos45° \times \tan33°)}} = 8.96\text{m/s}$$

즉, 45° 방향으로 8.96m/s 속도로 던지면 공은 포물선을 그리며 던진 기점으로부터 수평 방향으로 4.10m 지점에서 2.05m(기점에서)의 최고점에 달한다. 그 후는 포물선을 따라 떨어지고 33°로 기울어져 바스켓 안을 스쳐 쏙 들어간다. 이 공의 궤도가 최단 궤도이므로 초기 속도는 $U = 8.96$m/s밖에 되지 않는다.

그 다음 바운드 패스에 대해 생각해 보자. 수비에게 차단당하여 체스트 패스를 할 수 없는 경우 공을 바운드시켜 패스한다. 이때 어느 정도의 각도와 세기로 패스를 해야 우리 팀이 받기 쉬울까?

손에서 떨어진 공은 중력에 의해 포물선을 그리며 아래로 떨어진다. 선수는 2.8m 앞에 있는 본인 팀이 받기 쉽도록 바운드 패스를 하게 된다. 공을 누르기 시작하는 높이는 허리 높이인 1.15m다. 누르기 시작하는 속도는 5.78m/s로, 수평에서 44° 아래 방향으로 패스한다. 손아래에서 1.37m 앞을 노리면 40° 방향이 되는 것을 목표로 한다. 그러면 공은 포물선을 그리고 손아래 약 1m 앞의 마루에서 튀어 오른다.

튀어 오를 때의 속도가 바닥에 충돌하는 순간의 속도에 비해 어느 정도 큰지 나타내는 비율을 반발계수라고 한다. 농구공의 반발계수는 0.85이므로 튀어 오를 때의 속도는 충돌하는 순간 속도의 85%가 된다. 에너지를 조금 잃게 되는데, 이 에너지는 열로 바뀌어 마루를 따뜻하게 한다.

충돌 시의 속도는 중력에 의해 손으로 눌렀을 때의 속도 5.78m/s보다 빨라져 7.48m/s가 된다. 바닥에 대한 충돌 각도는 바닥면으로부터 56°이다. 바닥면에서 52° 비스듬하게 6.72m/s의 속도로 튀어 올라 2m 날아가면 본인 팀에게는 1.4m 가슴 부근에서 수평으로 4.2m/s의 속도로 들어간다. 공의 궤적은 포물선이며, 정점이 본인 팀의 가슴 높이가 되도록 패스하는 것이다.

❹와 같이 패스를 한 선수와 받는 선수의 중간이 아니라 선수 사이의 거리를 1 대 2로 나눈 지점에서 튀어 오르게 한다. 공은 패스를 한 후 0.2초 후에 튀어 올라 0.5초 만에 받으므로 도합 0.7초가 걸린다. 손에 들어오는 속도는 4.20m/s이다. 0.1초에 속도가 0m/s이 되도록 캐치하는 힘은 $F = 0.65 \times 4.20/0.1 = 27$N이므로 약 2.8kgf의 추를 들어 올리는 힘을 받는다.

비교를 위해 동일한 거리를 5.78m/s 속도로 49° 위쪽을 향해 패스한 경우는 포물선을 그려 손에 들어오므로 0.79초 소요된다. 체스트 패스보다 바운드 패스가 빠르다.

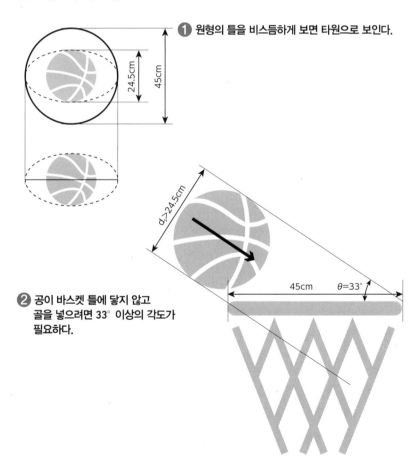

❶ 원형의 틀을 비스듬하게 보면 타원으로 보인다.

24.5cm
45cm

$d_3 > 24.5$cm

45cm $\theta = 33°$

❷ 공이 바스켓 틀에 닿지 않고 골을 넣으려면 33° 이상의 각도가 필요하다.

❸ 3점 슛의 최단 궤적

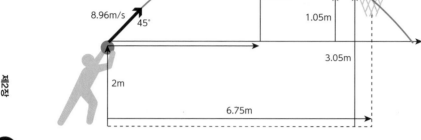

8.96m/s
45°
2.05m
33°
1.05m
3.05m
2m
6.75m

❹ 바운드 패스의 공의 궤적

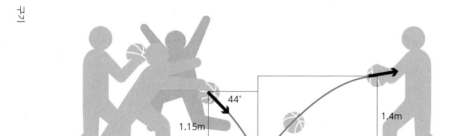

44°
1.15m
1m
52°
2m
1.4m

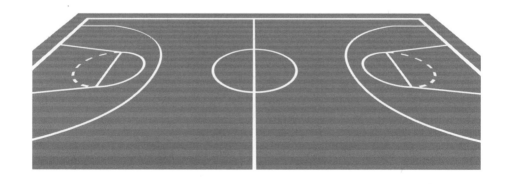

14
배구
무회전 스파이크 코스를 예측 불가능하게 플레이하는 '레이놀즈 수'란?

사방 9m의 배구 코트를 지키는 6명의 수비 범위는 ❶과 같다. 네트의 높이는 일반 남자의 경우 2.43m이다. 수비 범위는 선수의 다리부터 손을 뻗은 곳까지의 길이(평균 2.4m라고 가정)가 반경인 원 안이다. 이를 보면 겹쳐지는 부분을 2~4명이 커버하기 때문에 공을 어디로 치든 리시브할 수 있는 것처럼 보인다. 이렇게 틈이 없는 코트에 공을 쳐 넣으려면 페인트로 선수의 위치를 어긋나게 하여 틈을 만들거나 수비진 형태가 정렬되기 전에 공격을 하는 것 외에 방법이 없다.

그렇다면 네트 쪽의 A점에서 대각선상의 뒤쪽 코너를 노리고 스파이크를 하는 경우를 생각해보자. 코너 B점의 수비는 한 사람뿐이므로 득점 찬스가 생긴다. 스파이크를 시속 150km로 때리면 초속은 41.7m/s가 된다. 후방 코너까지의 거리는 다음과 같다.

$$\sqrt{9^2+9^2}=12.7m$$

그러므로 점프하여 3m 높이에서 내리꽂은 공이 직선으로 날아간다면 공의 이동 거리는 다음과 같다.

$$\sqrt{3^2+12.7^2}=13.05m$$

따라서 공이 B 지점에 도달하기까지의 시간은 13.05/41.7 = 0.31초가 된다.

사람이 반응할 때까지의 시간은 0.2초인데 스파이크 순간부터 0.1초 만에 2.4m를 움직여야 한다. 이때 속도는 2.4/0.1 = 24m/s다. 0.1초에 이 속도가 되려면 가속도는 24/0.1 = 240m/s²가 된다. 체중이 80kgf인 선수의 경우 이 가속을 얻기 위한 힘은 $F = 80 \times 240 = 19200N$이 된다. 즉, 약 2톤의 추를 드는 힘이 필요하다는 것이다. 사실상 이는 무리다.

반대로 쓰러지는 가속도 = 중력가속도로 2.4m 이동하는 시간을 역산하면 다음과 같다.

$t = \sqrt{2 \times 2.4 / 9.8} = 0.7$초

스파이크 순간부터 0.2+0.7 = 0.9초이므로 조금 전의 속도로 공을 때리면 점수를 얻을 수 있다. 참고로 0.9초 이상 걸리는 스파이크의 스피드는 13.05/0.9 = 14.5m/s 이상이 된다. 시속으로 따지면 52km/h 이상이다. 이 속도의 스파이크도 네트에서 3m 떨어진 곳에서 때릴 때 바닥에 도달하는 시간은 다음과 같다.

$$\frac{\sqrt{3^2 + 3^2}}{14.5} = 0.29$$초

따라서 리시브는 불가능하다. 물론 어떤 경우든 페인트를 걸어 수비 진형에 틈을 만드는 것이 중요하다.

속도가 110km/h인 서브는 초속으로 30.6m/s다. 공의 직경이 20cm이므로 이 속도로 날아오는 공 주위의 공기의 흐름을 알기 위해 레이놀즈 수[1] Re(= 길이×스피드/공기의 동점성 계수)를 구하면 공기의 동점성 계수는 $1.5 \times 10^{-5} m^2/s$이므로 Re = $0.2 \times 30.6 / 1.5 \times 10^{-5}$ = 4.08×10^5가 나온다. ❷의 그래프에서 딱 크리티컬(임계) 레이놀즈 수 부근이다. 여기는 무회전으로 때린 공의 공기 흐름이 박리되는 형태가 급변하는 부분이다. 공이 예측 불가능한 운동을 하기 때문에 리시브하기 어려운 서브가 된다. 다른 구기에서도 크리티컬 레이놀즈 수 부근에서 공의 움직임이 급변한다. 이 예측 불가능한 움직임 때문에 경기의 재미(도박성)가 더해진다는 사실을 역사적으로 경험한 후 체득했기 때문에 지금처럼 수많은 구기 경기가 만들어졌다고 할 수 있다.

크리티컬 레이놀즈 수 부근에서는 공기의 흐름이 박리되는 위치가 전방

---

1 **레이놀즈 수** 속도와 공의 직경을 곱하고, 공기의 점성을 나타내는 동점성 계수로 나눈 것을 레이놀즈 수라고 한다. 공의 속도가 크면 레이놀즈 수도 커진다. 어떤 속도에 달했을 때 갑자기 공기 저항이 작아지는 경우가 있다. 이때의 레이놀즈 수를 크리티컬(임계) 레이놀즈 수라고 한다.

으로부터 약 $85°$ 이지만, 크리티컬 레이놀즈 수를 넘으면 약 $120°$ 로 바뀌어 후방의 부압 영역이 작아진다. 이것이 저항 감소의 원인이다.

저항 감소를 효과적으로 사용하는 공으로는 골프공이 있다. 표면의 작은 홈(딤플)이 공기의 흐름을 흐트러뜨리고 크리티컬 레이놀즈 수가 작아져 보통 일어나지 않는 레이놀즈 수에서도 박리 위치를 후방으로 옮기는 역할을 한다. 결국 저항이 작아져 멀리 날릴 수 있는 것이다.

이와 같이 공의 표면 상태를 특징짓는 바늘땀이나 재질, 회전수, 회전 방향의 차이가 크리티컬 레이놀즈 수를 변화시키기 때문에 어느 정도의 속도로 날리면 저항이 극적으로 바뀌는지 예측할 수 없어진다.

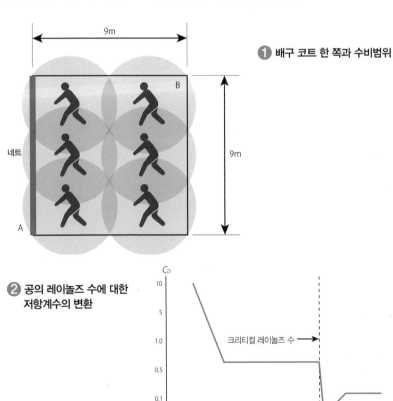

① 배구 코트 한 쪽과 수비범위

9m

9m

네트

B

A

② 공의 레이놀즈 수에 대한 저항계수의 변환

C_D

크리티컬 레이놀즈 수 →

R_e

무회전 스파이크 코스를 양쪽 붙가능하게 플레이하는 '레이놀즈 수 란?'

15 공의 회전력을 높여 양력을 올리는 스핀 효과란?
탁구

탁구공은 ITTF(국제탁구연맹) 규격으로 직경 40.0~ 40.6mm, 무게 2.67~2.77g, 소재는 플라스틱으로 정해져 있다. 탁구대는 높이가 76cm, 폭 152.5cm × 길이 274cm이고 네트의 높이는 15.25cm 이다.

탁구의 묘미는 고무 라켓으로 강하게 회전을 걸어 공을 내려치는 데 있다. ❶을 참고로 생각해 보자. 참고로 공과 탁구대의 반발계수는 0.876이다.

공이 회전하면 그 주위의 공기도 같이 회전하여 공 주위에 소용돌이를 만든다. 이 소용돌이의 세기를 순환 Γ로 나타낸다. 공의 회전 수 n[rps], 각속도 Ω[rad/s], 공의 반경 $r[m]$에는 다음과 같은 관계가 성립한다.

$$\Gamma = 2\pi r^2 \Omega = 4\pi^2 r^2 n \quad \rightarrow ①$$

이런 순환을 가지는 물체가 속도 U[m/s]로 진행하면 진행 방향에 직각 방향의 힘인 양력[1] L이 생긴다. 양력은 다음과 같이 나타낼 수 있다.

$$L = \rho U \Gamma \times cr \quad \rightarrow ②$$

ρ는 공기의 밀도로, $\rho = 1.2$kg/m^{3}이다. 또 c는 길이가 1m인 원통의 양력으로 나타낼 수 있으므로 이것을 공으로 환산하기 위한 계수를 말한다. 따라서 공이 낳는 양력을 원통으로 비유하면 반경 r의 몇 배의 길이(cr)를 갖고 있는 원통과 똑같은 값이라는 것을 알 수 있다. 실험결과로부터 $c = 0.05$로 한다.

식 ①과 ②로부터 값을 대입하면 다음과 같은 식이 나온다.

---

1 **양력** 공이 나아가는 방향에 대해 직각 방향으로 걸리는 힘. 공을 지나는 기류가 공에 의해 휘어지는 반발력으로 발생한다. 공 주위의 흐름이 대칭이면 발생하지 않는다.

$$L = 4\pi^2 \rho\, r^3 nU \times c = 1.89 \times 10^{-5} \times nU \qquad \rightarrow ③$$

즉, 양력은 공의 회전수와 속도의 곱에 비례한다는 것을 알 수 있다. 이 식으로부터 공에 회전을 가하지 않으면 $n = 0$이므로 양력은 발생하지 않는다. 또 회전축이 진행 방향을 향해 있어도 양력은 발생하지 않는다. 톱스핀에서 양력은 아래 방향으로, 백스핀에서는 위쪽으로 양력이 작용한다. 그림을 위에서 본 공의 회전이라고 하면 공은 왼쪽 방향으로 휘어지고, 반대라면 오른쪽 방향으로 휘어진다.

식 ③에서 알 수 있듯이 회전수가 오르도록 공을 치면 양력이 커지고 더 잘 휘어지게 된다. 단순히 공의 속도를 올리면 공이 탁구대 밖으로 날아가 버리기 때문에 회전수를 높여 양력을 올리는 것이 가장 좋은 방법이다.

❶ 스핀 드라이브 공과 양력

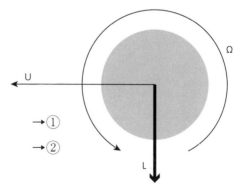

$$\Gamma = 2\pi r^2\, \Omega = 4\pi^2 r^2 n \qquad \rightarrow ①$$
$$L = \rho U \Gamma \times cr \qquad \rightarrow ②$$
$$\therefore L = 4\pi^2\, \rho r^3 nU \times c$$
$$c = 0.05, \quad \rho = 1.2, \quad r = 0.02$$
$$\therefore L = 1.89 \times 10^{-5} \times nU\ [\text{N}] \qquad \rightarrow ③$$

❷ 드라이브 공의 궤적

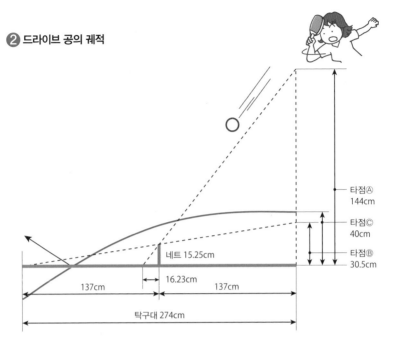

타점Ⓐ
144cm

타점Ⓒ
40cm

네트 15.25cm

타점Ⓑ
30.5cm

16.23cm

137cm   137cm

탁구대 274cm

●**타점Ⓐ**

신장이 170cm인 선수가 탁구대 위 144cm에서 직선으로 공을 때린다.

▼

상대의 탁구대 위 네트에서 16.23cm인 지점에 바운드

●**타점Ⓑ**

동 선수가 탁구대 30.5cm에서 직선으로 공을 때린다.

▼

상대의 탁구대 위 끝에 바운드

●**타점Ⓒ**

동 선수가 탁구대 위 40cm에서 톱스핀 드라이브로 공을 때린다.

▼

수평 궤적으로부터 중력가속도의 양력에 의한 가속도가 걸려 공은 급격히
하강한다. 상대의 탁구대 끝에서 3분의 1 부근에 접촉한 후, 마찰력이 앞쪽
으로 걸리기 때문에 튀어 오르는 각도가 작아져 공은 점점 속도를 더한다.
반대로 공의 회전은 느려진다.

16

배드민턴

탄도 예측이 어려운 셔틀콕은 어떻게 칠까?

배드민턴에서 스매싱 평균 속도는 남자의 경우 400km/h (= 111m/s), 여자는 355km/h(= 98.6m/s)라고 한다. 싱글인 경우 코트 크기는 길이 13.4m × 폭 5.18m이다.

일본의 모모타 겐토 선수가 길이 680mm인 라켓을 쥐고 코트 끝에서 대각선상에 있는 상대측 코너 끝 쪽으로 스매싱을 했다고 하자. 신장이 175cm, 팔 길이가 70cm, 그립에서 라켓의 스위트스팟(콕이 닿는 부위)까지가 60cm라고 하면 타점은 바닥에서 3.05m 지점이 된다. 대각선의 길이가 14.37m이므로 셔틀콕이 직선으로 날면 거리는 다음과 같다.

$$\sqrt{14.37^2+3.05^2} = 14.69\text{m}$$

네트 중앙의 높이가 1.524m이므로 네트 위를 거의 스치듯 아슬아슬하게 날아가게 된다. 속도를 떨어뜨리지 않고 111m/s로 날아가면 도달시간은 0.132초다. 사람의 반응 시간은 0.2초이므로 상대의 반응이 느려진다.

하지만 셔틀콕은 동일한 속도를 유지한 채 직선으로 날지 않는다. 깃털축의 틈 때문에 공기 저항이 커지는 것이 그 이유다. 즉, 깃털축이 원통이 되므로 공기 저항계수가 커지기 때문이다.

셔틀콕의 치수는 배드민턴 경기 규정으로 정해져 있다(❶ 참조). 무게는 4.74~5.5gf이다. 공기 저항을 받는 질량 m인 물체가 공기 저항 D를 받아, 무동력(엔진 등이 없기 때문에 추진력이 없음)으로 나는 물체의 운동방정식은 다음과 같다.

$$(m+m')\frac{d\vec{u}}{dt} = \vec{W} - \vec{D} \quad \rightarrow ①$$

m'은 부가 질량으로, 비정상(非定常) 운동[1]을 할 때 주위의 공기를 움직이기 위해 필요한 힘이다. 어떤 체적의 공기 질량을 부가한다는 뜻으로 부가 질량이라고 한다.

정상(定常) 운동을 할 때 부가 질량은 0이 된다. 하지만 보통 물체의 질량과 비교하면 공기의 질량은 1/1000 이상이므로 세밀한 계산 외에는 무시하기 때문에 이 경우도 무시한다. 기호 →는 벡터를 나타낸다. $\vec{D}$ 앞에 붙어 있는 마이너스 부호는 운동을 방해하는 방향이라는 뜻이다. 평면에서의 운동이라면 x, y 두 방향의 성분의 운동방정식이 되어 식은 다음과 같이 쓸 수 있다.

$$m\ \frac{d_u}{d_t} = -D_x$$

$$m\ \frac{d_v}{d_t} = -W - D_y \qquad \rightarrow ❷$$

W는 무게를 나타내며 $W = mg$다. 마이너스 부호의 의미는 직각 위 방향을 플러스로 하고 있기 때문에 중력 방향은 마이너스로 나타낸다. $\vec{D}$의 x, y 방향 성분을 각각 D_x, D_y로 나타내고 있으며, 다음과 같다.

$$D_x = C_{Dx}\frac{1}{2}\rho\ u^2 A_x$$

$$D_y = C_{Dy}\frac{1}{2}\rho\ u^2 A_y \qquad \rightarrow ❸$$

ρ는 공기 밀도, A_x, A_y는 물체를 x 및 y 방향에서 봤을 때의 투영 면적, C_{Dx}, C_{Dy}는 각각 x, y 방향에서 본 물체의 형상에 대한 저항계수다. 공은 어느 방향에서 봐도 원형이므로 x, y 방향에서 본 투영 면적이나 저항계수도 각각 같다. 하지만 ❷에서 알 수 있듯이 셔틀콕은 날아가는 방법에 따라 다른 값이 되므로 탄도 예측이 매우 어렵다.

❸은 셔틀콕이 실제 날아가는 방법과 포물선을 비교한 것이다. 공기 저항의 영향이 상당히 크다. ❹에는 식 ❶을 사용한 계산 결과를 실제 궤적과 비

---

1 **비정상 운동** 속도가 시간적으로 일정한 것을 정상 운동이라고 한다. 이에 비해 시간이 지나면 속도가 시간과 비례하여 빨라지는 자유낙하운동처럼 시간에 따라 속도가 변화하는 운동을 비정상 운동(정상이 아님)이라고 한다.

교한 것이다. 재료에 따른 차이도 잘 알 수 있다.

그런데 셔틀콕은 실온에 따라 몇 가지 단계로 나뉘어져 스피드 번호가 표시되어 있다. 여름용 1번은 33°C 이상, 2번은 27~33°C, 봄가을용 3번은 22~28°C, 4번은 17~23°C, 겨울용 5번은 12~18°C, 6번은 7~13°C 등과 같다. 여름용은 날아가기 어렵고 겨울용은 날아가기 쉬운 형태로 되어 있다. 번호별 비거리의 차이는 대략 30cm인데, 식 ❸에 보이는 것처럼 공기 밀도가 기온에 따라 다르기 때문이다.

공기 밀도는 기온이 0°C일 때 $\rho = 1.251\text{kg/m}^3$, 20°C는 1.166, 40°C면 1.091이므로 기온이 높을수록 밀도는 작아진다. 셔틀콕은 40°C에 비해 0°C가 밀도가 14.7%나 높아진다. 따라서 식 ❸으로부터 공기 저항은 기온 0°C에서는 40°C에 비해 커지기 때문에 여름용과 비교했을 때 잘 날아가지 않는 것이다. 이를 조정하기 위해 여름에는 날아가기 힘들도록 저항을 크게 하고 반대로 겨울용은 날아가기 쉽도록 공기 저항을 작게 만들고 있다.

❶ 거위 깃털과 천연 코르크로 된 셔틀콕

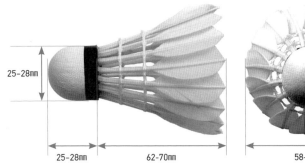
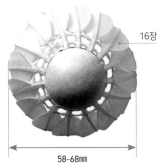

25-28mm

25-28mm 62-70mm

16장

58-68mm

❷ 셔틀콕이 날아가는 움직임의 일례

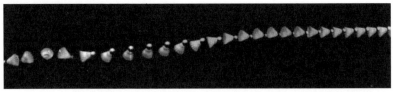

출전: B.D.Texier, et.al., Shuttlecock dynamics, Procedia Engineering, 34(2012), pp.176-181

❸ 셔틀콕의 궤적과 포물선의 비교

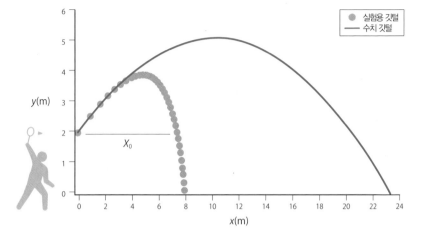

❹ 계산 결과와 실제 궤적의 비교

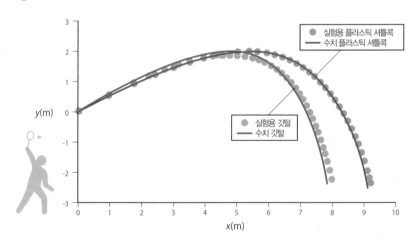

일본 선수의 스매싱 속도

일본 남자 선수 중 모모타 겐토 선수의 스매싱은 399km/h, 여자 선수 중 야마구치 아카네 선수는 352km/h, 오쿠하라 노조미 선수는 347km/h이다.

17 비거리를 올리려면 헤드의 스피드를 올릴 수밖에 없다?

골프

골프공에 드라이버 헤드의 페이스가 맞은 순간 어떤 일이 일어나는지 생각해보자. 날아간 공은 컨트롤이 불가능하므로 어디까지나 공의 행방을 정하는 친 순간에 대해서 생각한다.

드라이버 헤드의 각 부위 명칭은 ❶a와 같다. 폼을 잡고 정면에서 봤을 때 샤프트의 축과 페이스 면이 이루는 각도를 라이 각도, 측면을 로프트 각도, 위에서 본 것을 페이스 각도라고 한다. 그림 안에 검은 동그라미로 표시한 부분이 무게중심이다. 정면도에서 샤프트의 축부터 무게중심까지 잰 거리를 무게중심 거리, 측면도의 아래면(솔) 끝부터 무게중심까지의 거리를 무게중심 심도, 무게중심에서 수직선을 내려 솔 끝부터 페이스 면을 따라 잰 거리가 무게중심 높이다. ❶b처럼 샤프트를 수평으로 놓았을 때 무게중심이 바로 밑으로 내려간 상태에서부터 페이스면이 수직면이 되는 각도를 무게중심 각도라고 한다.

여기서 평균적인 각 부위의 값으로 무게중심 거리는 40.0mm, 무게중심 높이는 22.00mm, 무게중심 심도는 37.0mm, 무게중심 각도 22°, 샤프트와 페이스의 라이 각도 59°, 로프트 각도 11°, 페이스 각도 0°, 헤드의 무게는 200g이다. 공은 직경 43mm, 무게 45g, 반발계수는 0.8이다.

이제 ❷와 같이 수직선으로부터 잰 각도가 θ_L 만큼 기울인 페이스면이 속도 V로 멈춰있는 질량 m의 공에 충돌한 상황을 가정해 보자. 공과 페이스면이 접촉하는 점은 공의 중심에서 아래로 $r\sin\theta_L$만큼 내려간 부분이다. 이 시점에서의 속도는 페이스면에 수직인 성분 V_n과 평행인 성분 V_t로 나누면 다음과 같다.

$$V_n = V\cos\theta_L$$

❶a 드라이버 헤드의 각 부위 명칭

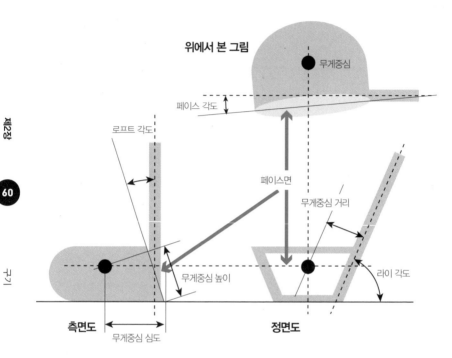

위에서 본 그림

무게중심

페이스 각도

로프트 각도

페이스면

무게중심 거리

무게중심 높이

라이 각도

측면도

무게중심 심도

정면도

❶b 페이스면과 무게중심 각도

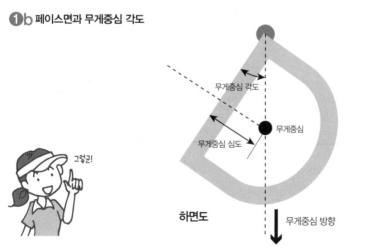

무게중심 각도

무게중심

무게중심 심도

그렇군!

하면도

무게중심 방향

$$V_t = V\sin\theta_L \rightarrow ①$$

그림에서 알 수 있듯이 V_n은 반드시 공의 중심을 향해 있다. 이 요소가 공의 운동량에 변화를 준다. 반발계수가 e인 공을 쳤을 때 처음 속도를 V_n으로 사용하면 다음과 같은 식으로 구해진다.

$$v_n = \frac{1}{1+\left(\dfrac{m}{M}\right)}(1+e)V_n \quad \rightarrow ②$$

공의 질량 $m = 45\text{g}$, 클럽 헤드의 질량 $M = 200\text{g}$, 반발계수 $e = 0.8$이라면 $V_n = 1.47V_n$이 된다.

타격하는 순간 공은 납작하게 짓눌리는데 이것이 원래로 되돌아가는 반발력에 의해 면의 수직 방향으로 날아간다. 공은 $V_r = V_n = 57.6\text{m/s}$의 속도를 갖고 로프트 각도 방향으로 날아간다고 하자. 또 페이스면에 수평인 성분 V_l이 작용으로 생기는 평행한 힘을 고려하면 날아가는 가도는 로프트 가도보다 작아진다. 페이스 면에 평행인 힘의 성분에 의해 공에는 백스핀이 걸린다. 이 공에는 마그누스 효과가 발생하여 위쪽으로 양력이 작용하기 때문에 친 공의 궤도는 위로 열린 2차 곡선이 되어 높이 올라간다.

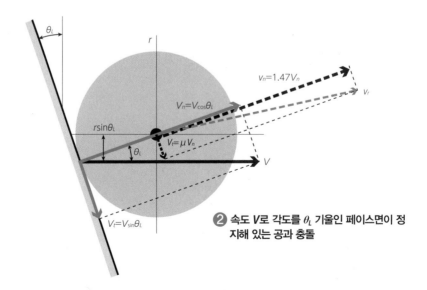

② 속도 **V**로 각도를 θ_L 기울인 페이스면이 정지해 있는 공과 충돌

그렇다면 어떠한 각도로 친 공이 일반적인 포물선을 그린다고 가정하고 비거리를 계산해 보자.

친 각도는 θ_L, 친 속도는 $V_r = V_n = 57.62\text{m/s}$이므로 다음과 같은 식이 성립한다.

$$x_{max} = \frac{V_r^2}{g}\sin2\theta_L$$

이 식에서 나오는 비거리는 $X_{max} = 57.62 \times \sin(2 \times 11°)/9.8 = 126.8\text{m}$ (138.7야드)이다.

클럽의 반발계수를 높여 $e = 1$로 하면 식 ❷에서 $V_n = 1.63V_n = 1.63 \times 39.2 = 64\text{m/s}$가 나온다. 이 $V_r = 64\text{m/s}$를 사용하여 X_{max}를 구하면 156.6m(171.2야드)의 비거리가 나오게 된다.

클럽 헤드의 중량 200g을 250g으로 바꾸면 v_n은 4% 올라가지만 반발계수를 1로 하는 것만으로 약 11% 늘어난다. 아쉽지만 골프 규칙상 반발계수가 $e = 0.83$을 넘는 드라이버는 규칙 위반이므로 여기서는 반발계수가 높은 클럽을 사용함으로써 비거리를 늘릴 수 있다는 물리학적인 견해만 제시하는 데 그치겠다.

결국 비거리를 늘리는 직접적인 방법은 헤드 스피드를 올리는 방법밖에 없다. 헤드 스피드를 10% 올려 $V = 44\text{m/s}$로 만들면 $X_{max} = 154.1\text{m}$(168.6야드)가 나오므로 비거리는 33% 늘어나게 된다. 결국은 몸을 단련시켜야 한다는 결론에 이르게 된다.

제 **3** 장

수상 경기
Water Sports

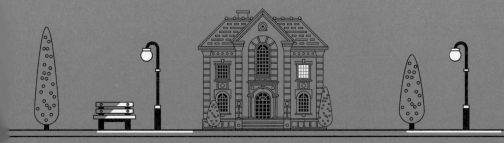

18 형태·마찰·조파의 유동 저항을 줄이려면?

수영

제3장

64

수상 경기

100m에 50초의 기록을 갖고 있는 수영 선수가 1000분의 1초를 줄일 수 있는 영법을 생각해보자. 페이스는 $u = 100/50 = 2$m/s이다. 타임을 0.01초 줄이려면 100m를 49.99초에 헤엄쳐야 하므로 100m/49.99s = 2.0004m/s의 속도가 필요하다. 즉, 1초 동안에 2.0004m 나아가게 되므로 소수점 이하 0.0004m = 0.4mm만큼 더 진행하면 기록을 달성할 수 있다. 그런데 선수들에게는 겨우 이 0.4mm가 큰 장벽이 된다.

여기서 ❶에 보이는 것처럼 일정한 속도로 헤엄칠 때 선수에게 드는 힘의 밸런스를 생각해 보자. 앞으로 나아가는 힘(T = 추력)과 뒤로 밀어내는 힘(D = 저항)이 균형을 이룰 때 등속 운동을 하게 된다. 수직 방향으로는 체중(W = 중력)과 물에 뜨는 힘(B = 부력)이 균형을 이루고 있으므로 일정한 위치(깊이)를 유지한다. 따라서 다음과 같이 쓸 수 있다.

$(-T)+D = 0$ ∴ $T = D$, $(-W)+B = 0$ ∴ $W = B$

참고로 $T > D$이면 전방으로 가속하고, 반대로 $T < D$이면 감속한다. 또 $W > B$이면 가라앉는 방향으로 가속하고, $W < B$이면 가라앉는 속도가 감속 또는 위쪽 방향으로 가속하게 된다.

수면 가까이를 헤엄칠 때 작용하는 유동 저항의 종류는 다음과 같다.

형태 저항(압력 저항) : $D_p = C_D \times \left(\dfrac{1}{2}\right) \rho u^2 \times A$

마찰 저항 : $D_f = C_f \times \left(\dfrac{1}{2}\right) \rho u^2 \times S$

조파 저항 : $D_w = \rho \text{gh} \times A = C_W \times \left(\dfrac{1}{2}\right) \rho u^2 \times S$

C_D, C_f, C_w는 각각 형태 저항계수, 마찰 저항계수, 조파 저항계수로 실험에 의해 구해지는 값이다.

ρ는 물의 밀도, u는 속도, A는 정수리부터 몸의 축 방향까지의 투영 면

적이다. 조파 저항 식에 있는 h는 물결의 높이다. 이것들이 전체 저항에서 차지하는 비율을 알아보기 위해 C_D를 1.0, C_f를 0.004로 하고 조파 저항계수 C_w를 0.03이라고 하자. 이 수치와 u = 2m/s를 각각 대입하면 형태 저항(압력 저항): D_p = 120N, 마찰 저항: D_f = 11N, 조파 저항: D_w = 81N이 구해지기 때문에 전체 저항은 D = 120+11+81 = 212N이 된다. 전체 저항 212N의 내역은 형태 저항이 57%, 마찰 저항이 5%, 조파 저항이 38%로, 수영 폼으로부터 받는 형태 저항과 물결이 원인이 되는 조파 저항이 크다는 것을 알 수 있다.

일정 속도로 진행할 때는 T = D가 되므로 T = 212N이다. 여기에 속도를 곱하면 추진을 위한 일률이 되어, 이 선수는 212N×2m/s = 424W = 0.58PS의 힘으로 추진하게 된다. 100m를 수영으로 소비하는 에너지는 424W×50s = 21200J로, 칼로리로 환산하면 21200J÷4.2 = 5048cal가 된다. 캐러멜 한 알의 에너지가 17kcal이므로 캐러멜 한 알을 먹으면 전력으로 337m를 수영할 수 있다는 것이다.

① 수영에 작용하는 힘의 밸런스

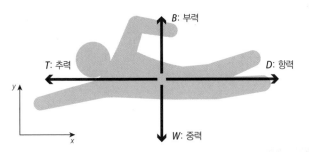

B: 부력
T: 추력
D: 항력
W: 중력

저항을 낮추면 추진력이 내려가고 소비 에너지도 억제할 수 있다. 이러한 저항 중에서 큰 비율을 차지하는 형태 저항을 줄이기 위해 저항계수를 줄이는 폼과 그와 관련된 수류의 관계를 조사하고 효과적인 수영복 등 스위밍 기어 개발이 중요하다. 예를 들어 유선형의 경우 저항계수는 1에서 0.02정도가 되며, 120N이 형태 저항이 1/50인 2.4N까지 내려간다. 전체적으로 212N이 94.4N이 되어 저항이 55.5% 줄어드는 것이다. 즉, 돌고래나 듀공처럼 몸의 형태가 드러나는 수영복이 가장 효과적이다.

19

수면 위로 나오는 다리를 지지하는 스컬링의 움직임이란?

아티스틱 스위밍은 싱크로나이즈드 스위밍의 바뀐 명칭이다. 이 종목은 규정 요소(엘리먼트)라는 기술을 연기에 넣는 테크니컬 루틴(이하 TR)과 자유롭게 연기하는 프리 루틴(이하 FR)이 있다. TR에서는 연기의 완성도와 예술성을 평가하고, FR은 그에 더해 난이도까지 평가를 한다.

예를 들어 수면 위로 나온 다리로 연기할 수 있는 것은 수중에서의 자세의 안정성과 수면 위의 다리 무게를 지탱하는 위 방향으로 향하는 힘 때문이다. 체중이 55kgf인 선수의 양 다리 무게는 체중의 30% 정도이므로 16.5kgf가 된다. 다리를 수중에서 지탱해주는 위쪽 방향의 힘은 손바닥의 스컬링이라는 운동으로 발생하게 된다.

스컬링은 손바닥으로 숫자 8을 그리듯 움직이는 운동이다. 자신의 손바닥을 비행기의 날개처럼 앙각(elevation)을 크게 취해 움직이면 양력이 발생한다. 날개의 양력은 날개 주위로 순환하는 소용돌이의 크기에 비례한다. 이 순환 소용돌이의 일부는 손끝에서 나오는 날개 끝 소용돌이가 되고 그 끝이 수면에 밀착하기 때문에 수면에 소용돌이가 생긴다. 주기 Γ 와 단위 길이 부근의 양력 L의 관계는 쿠타 주코프스키 이론으로부터 $L = \rho U\Gamma$ [N/m]으로 나타낼 수 있다.

ρ 는 물의 밀도로 1000kg/m^{3}이다. U는 손바닥을 움직이는 속도이며, Γ 는 $\Gamma = 2\pi rv$, r은 손바닥 폭의 절반 값, v는 손바닥을 움직이는 속도 U와 같다. 손바닥의 길이를 h로 나타내면 손바닥으로 발생시킬 수 있는 양력은 다음 식으로 구할 수 있다.

$$L = 2\pi\rho rh U^2 = 2\pi\rho A U^2$$

계속해서 rh를 손바닥 면적 A로 치환하면 양력은 손바닥 면적, 그리고 손을 움직이는 속도의 제곱과 비례한다는 것을 알 수 있다.

그렇다면 무게가 16.5kgf인 다리를 지탱하기 위해 한쪽 손바닥을 어느 정도의 속도로 움직여야 할지 이 식을 통해 계산해 보자.

손바닥 면적을 $0.1 \times 0.2 = 0.02\text{m}^2$라고 하면 L은 다음과 같다.

$$L = 8.25 \times 9.8 = 2\pi\rho AU^2$$

따라서 손바닥을 움직일 속도는 $U = 0.8\text{m/s}$가 된다. 즉, 1초에 80cm를 움직여야 한다.

① 다리를 수면 위로 내어 지탱하는 데 필요한 힘

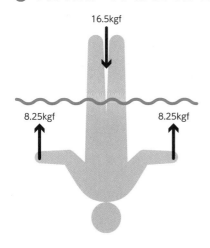

② 손바닥 스컬링을 통해 위쪽 방향으로 힘을 보낸다.

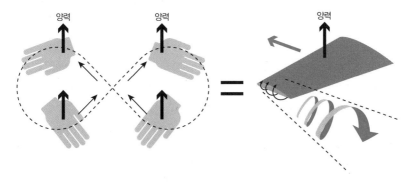

20
다이빙

물이 튀지 않고 다이빙을 가능하게 하는 폼은?

　　다이빙 경기는 높이가 1m 또는 3m인 다이빙 판을 이용하는 스프링보드 다이빙과 높이 5m, 7.5m, 10m의 콘크리트 다이빙 판을 사용하는 플랫폼 다이빙으로 나눌 수 있다. 물보라(splash)가 매우 적게 생기는 입수를 노스플래시, 물보라가 전혀 튀지 않는 다이빙을 립 클린 엔트리(rip clean entry)라고 한다. 노스플래시와 립 클린 엔트리는 가장 뛰어난 입수 방법으로 평가 받고 있다. 여기서는 노스플래시 입수 방법을 살펴보자.

　　수면에 물건을 던지면 물보라가 일어 파문이 퍼진다. 수면에 들어갈 때의 상황에 따라 스플래시의 모양이나 물보라의 높이가 다르며, ❶과 같이 동일한 형태라도 재질에 따라서 모양이 달라진다. 그렇다면 스플래시가 일어나는 가속도가 일정해지는 선두 형태를 구해보자.

　　❷를 참고로 하여 양동이 속 물에 어떤 회전체가 속도 U로 떨어질 때 물이 스플래시를 일으키는 상태를 물리적으로 모형화 한다. 선두에서 x 위치에 있는 단면을 통과하는 주위의 유체 속도를 구해 그 가속도를 계산하겠다. 유체가 통과하는 단면적 $A(x)$는 양동이의 반경 R의 원 면적으로부터 물체의 반경 r의 원 면적을 뺀 원형 면적이다. r은 끝에서부터의 거리 x의 함수 $f(x)$에서 물체의 모양을 말한다. x는 시간 함수로 $x = Ut$로 나타내며, 유체의 속도 $u(x)$는 유량 일정($Q = U \times A(0) = \pi R^2 U$) 조건으로부터 식 ❷가 된다.

　　밀리는 유체의 가속도인 식 ❷를 시간으로 미분하여 식 ❸으로 하고, 그 식 ❸을 식 ❹와 같이 바꿔 $f(0) = 0$의 조건으로 풀면 $f(x)$는 식 ❺와 같이 나타난다. $x \to \infty$이므로, $f(x)$가 R에 접근하는 곡선이 된다. $R = 1$, $U^2/a = 0.1, 1, 10$에 대해 전개한 것이 ❸이다.

　　유체의 가속도 a가 0인 경우는 $f(x) = 0$이 되어 물체가 크기를 갖지 않는 직선 모양이 된다. 하지만 실제로는 물체의 크기 때문에 물체가 유체를 밀어내어 유체에 가속 운동을 촉진한다. 그 가속도 즉, 유체에 가해지는 힘(반발력 = 저항으로 물체에 작용)을 작게 하면 ❸$U^2/a = 10$인 곡선이 나타내 가는 모양이 된다. 이러한 물리학적 특성 때문에 다이빙에서는 손바닥이 수면을 향하지 않는다. ❸과 같은 형태에 가깝게 하기 위해 손등이 수면을 향하는 형태가 되어야 한다.

야, 더워서
그만…

❶ **똑같은 모양의 스플래시의 차이**

한천 공

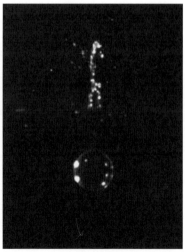

아크릴 수지 공

스플래시는 물체가 수면에 들어갈 때 물체에 의해 밀리는 물이 위로 튀어 오르는 현상 ※사진은 저자 촬영

❷ 입수 물체 모델

$$A(x) = \pi(R^2 - r^2) = \pi(R^2 - f(x)^2) \;\rightarrow \text{①}$$

$$u(x) = \frac{Q}{A(x)} = \frac{\pi R^2 U}{A(x)} = \frac{R^2 U}{R^2 - f(x)^2} \;\rightarrow \text{②}$$

$$\frac{du(x)}{dt} = \frac{du}{df}\frac{df}{dx}\frac{dx}{dt} = \frac{2R^2 U^2}{(R^2 - f^2)^2} \times f \times f^1 \;\rightarrow \text{③}$$

$$2R^2 U^2 \times f \times f' = a(R^2 - f^2)^2 \;\rightarrow \text{④}$$

$$f(x) = \sqrt{\dfrac{R^2}{\dfrac{U^2}{a}\left(\dfrac{1}{x}\right) + 1}} \;\rightarrow \text{⑤}$$

❸ 식 ⑤에서 $R = 1$, $U^2/a = 0.1$, 1, 10으로 했을 때 $f(x)$의 형태

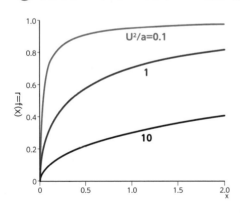

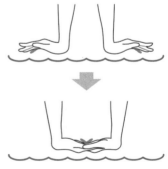

입수 시 손바닥이 아니라 손등이 수면을 향하도록 한다.

21
서핑

파도 경사면에 붙어 있는 것처럼 보이는 서퍼의 비밀은?

파도는 해안으로 다가와 바다 바닥이 얕아지면 파도 머리가 높아진다. 바다 바닥의 기울기에 따라 파도가 커지는데, 기울기가 완만하면 파도 머리에 거품이 일어 하얗게 된다. 거기서부터 해안으로 밀려드는 파도를 서프(surf)라고 하는데 이 파도가 서핑하기에 적합하다.

바다 바닥의 기울기가 가파르면 파도가 빠르게 높아지고 파도 머리가 파도의 밑 부분보다 빨리 나아가기 때문에 바닥 부분보다 파도 머리가 먼저 나오게 된다. 이 파도는 솔리톤파(solitary wave)가 되어 다음 식에서 보이는 파도 속도 C_s로 진행한다.

$$C_s = \sqrt{\mathbf{g}(H + h)} \quad ①$$

파도의 높이 H가 수심 h에 비해 높은 상태를 물리에서는 '유한 진폭 파도'라고 부른다. 참고로 앞바다 쪽에서 볼 수 있는 파도는 수심이 깊은(h가 H에 비해 큰) 곳에서 생기는 파도이므로 '심수파'라고 한다. 심수파가 전달되는 속도(파도 속도) C_d는 파장 L이 길면 길수록 또는 파도의 주기 T가 길면 길수록 빨라진다. 식은 다음과 같이 나타낼 수 있다.

$$C_d = \sqrt{\frac{gL}{2\pi}} = \frac{gT}{2\pi} \quad \rightarrow ②$$

이 파도는 해안에 다가오면 수심 h가 얕아짐에 따라 파도 H를 무시할 수 없게 되어 유한 진폭 파도가 된다. 파도 머리는 뾰족하게 바뀌고 파도 사이의 골이 얕아진다. 골의 흐름은 바다 바닥과의 마찰에 의해 속도가 느려지고 ❶과 같이 뾰족한 파도 머리는 앞으로 진행하면서 무너지고 거품이 인다. 이것이 파도 머리가 하얗게 보이는 이유이다.

이때 파도 속도는 식 ❷의 C_d와 같다. 하지만 파도의 높이 또한 높아지기 때문에 진행 방향의 파장 L이 짧아지고 그 때문에 주기 T도 짧아진다.

그렇다면 파도의 어디를 타면 좋을지 생각해 보자(❷). 파도의 경사면에 있는 서퍼는 파도에 눌려 파도 속도와 똑같은 스피드로 나아간다고 가정하자. 파도와 똑같은 속도로 진행하는 서퍼는 파도의 경사면에 멈춰 서 있는 것처럼 보인다. 서퍼에게 작용하는 힘이 균형을 이루고 있기 때문에 그렇게 보이는 것이다. 이는 파도 면이 수평이 되는 각도 0°(수평)~35° 범위에서 파도를 타면 일어나는 현상이다(❶). 경사면을 내려가려는 힘과 파도에 밀리는 힘이 균형을 이루는 것은 파도의 바닥 부분부터 파도의 높이 H까지의 약 3분의 1 지점까지 발생한다.

이 부분을 타기 위해서는 해안을 향하는 파도 속도에 추월되지 않도록 서핑 보드를 손으로 저어 속도를 올려야 한다. 파도가 온 뒤는 늦다. 파도의 입장에서 보면 느린 서퍼는 단지 표류하고 있는 물체와 똑같기 때문에 파도는 스윽 통과해 지나가 버린다. 참고로 수심 $h = 2\text{m}$, 파도 높이 $H = 1.4\text{m}$(서퍼 용어로 파도의 크기는 가슴 정도)라고 하면 식 ❶에 의해 파도 속도는 $C_s = 5.8\text{m/s}$다. 시속 20km/h로 달리는 자전거와 똑같은 속도라고 할 수 있다.

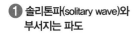

❶ 솔리톤파(solitary wave)와 부서지는 파도

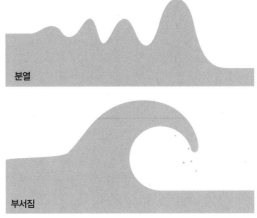

분열

부서짐

(1) T.Sugimoto, How to ride a wave : Mechanics of surfing, SIAM Rev., vol.40, No.2, pp.341-343, 1988.

❷ 서퍼가 타야 할 파도의 위치

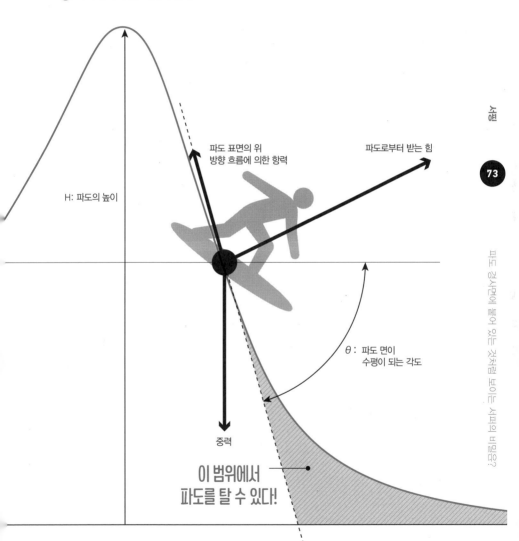

H: 파도의 높이

파도 표면의 위
방향 흐름에 의한 항력

파도로부터 받는 힘

θ : 파도 면이
수평이 되는 각도

중력

**이 범위에서
파도를 탈 수 있다!**

22
스쿠버다이빙

물속에서 안전을 지켜주는 에어탱크와 레귤레이터란?

20기압의 공기를 압축한 에어탱크를 등에 진 뒤 레귤레이터를 입에 물고 바다에 들어간 경험이 있다면 알겠지만 물속에서 평소처럼 숨을 쉴 수 있는 경험과 무중력 세계를 떠도는(NASA에서는 우주비행사를 실내 풀에 잠수시켜 무중력 상태 하에서 작업 훈련을 실시한다) 것 같은 신기한 감각을 체험할 수 있다.

물속에서는 수심이 10m 깊어질 때마다 1기압 정도 수압이 상승한다. 100m를 잠수하면 11기압이 몸을 압박한다. 일본의 대심도 유인 잠수조사선 '신카이 6500'은 이름 그대로 6500m를 넘는 심해에서 잠수 조사를 하는데, 잠수정이 받는 수압은 651기압이다. 이는 지상의 물체가 쉽게 눌려 찌그러질 정도의 압력이다.

수압은 $1m^2$ 면적에 그 깊이까지 무게가 실리는 압력을 말한다. 깊이가 h, 밀도 $p = 1020kg/m^3$이라고 하면 수압 P는 다음 식으로 구할 수 있다.

$$p = \rho gh \cong 10000h[N/m^2 = Pa]$$

단위 Pa는 파스칼이라고 읽는다.

가령 $h = 10m$라면 $p = 100kPa$이다. 대기압(1기압)의 101.3kPa와 거의 같은 수치다. 해수면에는 대기압이 본래 걸려 있으므로 10m 수심의 위치에서는 1+1 = 2의 기압이 가중된다. 그렇기 때문에 공기 중에서 1기압의 공기를 들이마시고 그대로 10m를 잠수하면 폐 안은 1기압이고, 몸의 표면은 2기압이므로 그 차이인 1기압(이것은 수압)으로 폐는 눌려 찌그러지게 된다. 폐는 갈비뼈와 그 주위의 근육이 지탱한다. 하지만 더욱 깊이 잠수하면 지탱할 수 없는 위험이 있기 때문에 가압된 에어탱크를 사용하는 것이다. 하지만 20기압의 에어탱크를 직접 들이마시면 폐 안이 20기압이 되기 때문에 이 또한 폐가 파열되어 버린다. 그래서 수압에 따라 기압을 조절할 수 있는 레귤레이터를 입에 물어야 한다. 10m 잠수하면 대기압과의 차이인 1 기압을 폐에 주입해 주기 때문에 주위의 수압과 일치해 폐가 찌그러지거나 파열되지 않는다.

부력이라는 것은 그 수심에 있어서 몸 상하의 근소한 수압 차이에 의해 생긴다. 예를 들어 복부를 아래로 하여 헤엄치면 복부 쪽은 등 쪽보다 몸의 두께만큼의 수심차가 있기 때문에 복부 쪽에는 등 쪽보다 높은 수압이 걸린다. 그 복부 쪽의 수압이 위로 향하는 힘이 되는 것이다.

결국 몸이 배제한 물의 체적만큼의 무게가 부력이 된다. 또한 에어탱크를 등에 지고 공기를 폐에 들이마시면 체적이 약간 증가한다. 즉, 공기를 들이마시면 위로 떠버린다는 것이다. 이를 막고 중립 상태로 만들기 위해 몸에 추를 감거나 파워 인플레이터 호스의 배기 버튼을 눌러 부력 조정 장치(BCD)의 에어를 빼는 등 조절을 한다. 스쿠버로 바다 속을 즐기는 일은 실제로 이러한 물리학적인 준비에 의해 성립되는 것이다.

❶ 수압을 견디기 위한 에어탱크와 레귤레이터

· 수심이 10m 깊어질 때마다 1 기압의 비율로 수압이 상승한다.

· 수압이란 $1m^2$ 면적에 그 깊이까지의 물의 무게가 짓누르는 상태

· 10m 수심에서는 1+1 = 2기압이 가중된다.

· 물속에서 수압에 의해 폐가 찌그러지지 않게 하기 위해 가압된 에어탱크를 사용한다.

· 가압된 에어탱크의 공기를 레귤레이터가 수압에 따라 조절하기 때문에 다이버의 안전이 유지된다.

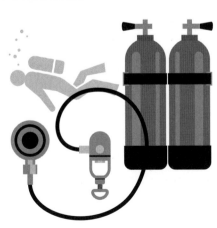

23 스피드는 바람에 따른 돛 컨트롤로 정해진다?

세일링 요트

2020년 도쿄 올림픽에서 요트 경기는 에노시마 요트 하버에서 열린다. 세일링은 바람의 힘을 받은 돛으로 배를 나아가게 하여 정해진 코스를 얼마나 빨리 골인하는지 겨루는 경기다. 자연 바람에 따라 신속한 대응이 필요하기 때문에 바람의 방향에 대해 돛(sail)을 어떻게 컨트롤하고 추진력을 얻는지가 중요하다. 스타트는 풍하(뒷바람)로 설정되어 있으므로 스타트에서 풍상(맞바람)을 향해 나아가 정해진 지점을 돌고 풍하로 돌아온다.

요트의 종류가 곧 경기의 종목명이 되는데, 주로 배의 길이가 경기 이름으로 되어 있다. 예를 들어 길이가 4.7m인 배는 470(사칠공)급, 4.99m인 배는 49er(포티나이너)급, 2.86m의 윈드서핑 보드를 사용한 것은 RS:X(알에스엑스)급으로 부르며, 이 밖에도 길이가 4.23m인 레이저급, 4.51m인 핀급, 멀티 헐(카타마란)인 나크라(Nacra) 17급 등이 있다.

주로 두 사람이 타고 돛과 키를 조종하는 스키퍼(Skipper)와 앞의 작은 돛과 집세일, 스피네커라는 세 개의 돛을 조작하고 자신의 몸을 사용하여 배의 균형을 잡는 역할을 하는 크루(Crew)와 공동 협력하면서 배를 나아가게 한다.

바람을 받아 부풀어 오른 돛은 단면이 캠버(곡선)가 붙은 날개 모양이 되어 양력을 발생시키기 때문에 비행기의 날개와 기능이 같다. 바로 뒤에서 오는 바람에 대해서는 돛을 직각으로 유지하지만, 이때만큼은 활처럼 굽은 얇은 판의 저항력이 곧 추진력이 된다. 이 외에는 날개와 마찬가지로 바람에 대해 앙각을 취함으로써 최대 양력을 얻도록 설정한다. 이렇게 양력의 풍상 방향 성분을 추진력으로 사용하기 때문에 상류로 향해 갈 때는 목적한 방향으로 비스듬하게 지그재그 나아가게 되는 것이다.

요트는 바람을 받아 발생하는 횡력이 배를 롤링시키는 모멘트를 만든다. 하지만 바람의 힘을 닻으로 받아도 요트는 옆으로 넘어지지 않는다. 배의 아래, 즉 선저에 붙어 있는 센터보드나 킬(keel)이라는 용골에서 물속에 매달려 있는 무거운 판(직하 용골)이 옆으로 넘어지는 것을 막고 있기 때문이다. 이것은 요트에서 없어서는 안 될 생명줄이다.

1 요트(딩기)의 구조

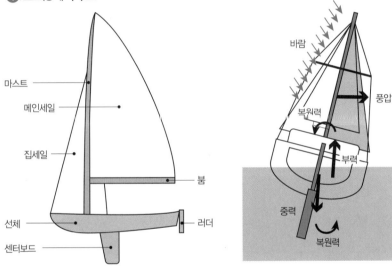

마스트
메인세일
집세일
붐
선체
러더
센터보드

바람
풍압
복원력
부력
중력
복원력

2 돛(세일)에서 발생하는 양력과 추진 방향 성분이 추력

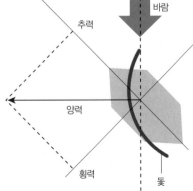

추력
바람
양력
횡력
돛

24
카누 /
캐나디안, 카약

배와 패들의 모양이 속도를 크게 좌우한다?

카누에는 캐나디안 카누와 카약이 있는데, 둘의 차이는 조타 시의 자세와 패들(노)에 있다. 캐나디안은 한 장의 블레이드 패들을 사용하고, 선수는 무릎을 세워 앉는다. 카약의 패들은 블레이드가 양쪽에 두 장 있으며, 선수는 양발을 앞으로 뻗어 양 무릎으로 배의 안쪽을 눌러 앉은 자세로 노를 젓는다.

각 경기에는 물살이 없는 직선 코스로 된 수로에서 시간을 겨루는 스프린트, 급류에서 배를 조종하면서 시간을 겨루는 슬라럼이 있다. 스프린트 경기의 스피드는 대략 5m/s다. 1초에 5m를 나아가는 것이므로 걸음걸이의 5배 정도로 빠르다. 슬라럼 경기는 평균 2.8m/s의 속도로 급류를 내려간다.

1인승 카약의 무게가 12kg이고, 노를 젓는 사람의 체중이 70kg일 때 이 무게를 스프린트 경기에서 초속 5m까지 가속시키는 경우를 생각해보자. 전체 무게가 82kg인 물체를 정지 상태에서 1초 만에 5m/s로 가속시키는데 필요한 힘은 $82kg \times (5m/s - 0m/s)/1s = 410N$이다. 이는 42kg의 추를 순식간에 들어 올릴 정도로 큰 힘이 들기 때문에 선수들은 근육을 단련시켜야 한다.

배는 패들로 조종한다. 물을 저어 추진력을 카약에게 전달하는 것과 방향 전환 시에 돌고 싶은 쪽의 패들로 브레이크를 거는 것이 패들의 가장 중요한 역할이다. 둘 다 물로부터 받는 항력을 사용한다. 항력은 물의 유속과 패들을 움직이는 속도 차이의 제곱과 비례하므로 속도 차이가 클수록 힘이 커진다. 잔잔한 물속이라면 젓는 속도가 그대로 힘에 반영되지만 강에는 물살이 있기 때문에 수류 방향으로 나아갈 때는 패들을 수류보다 빨리 움직이지 않으면 저을 수 없다. 수류보다 패들링이 느리면 브레이크가 걸리기 때문이다.

하지만 항력은 패들의 모양에 의존하기 때문에 선수의 힘을 보다 효율적으로 수류에 전달할 수 있는 패들 모양이 있다고 할 수 있다.

배에 대해서는 스프린트용은 진행 방향에 대해 저항이 적도록 유선형으로 설계하는 것이 일반적이다. 그런데 슬라럼용은 강의 변화가 많은 흐름을 만나기 때문에 단순히 유선형이 좋다고는 할 수 없다. 그래서 생물의 기능을 설계에 활용하는 바이오미메틱스(생체 모방)를 차용해 강의 생물인 연어나 물총새의 돌입 저항 감소 등을 배의 설계에 도입한 프로젝트(❷)도 진행 중이다. 이 프로젝트에서는 1년 후 도쿄 올림픽에서 사용될 슬라럼용 배를 개발 중인데, 어떻게 완성이 될지 매우 기대가 된다.

❶ 카약의 스프린트와 슬라럼

스프린트

잔잔한 수면에서 1인용~4인용 배에 탄 후 일정한 거리(200m, 500m, 1000m)와 수로(레인)를 정해 여러 척의 배가 일제히 스타트하여 최단 시간에 도착한 순서를 겨루는 경기다. 이 밖에도 릴레이나 5000m, 장거리 등이 있다.

슬라럼 카약은 더블 블레이드 패들로 젓는 카약을 사용하여 수류가 있는 하천 코스를 한 척씩 스타트한 뒤 정해진 게이트를 통과하면서 시간을 겨루는 종목이다.
슬라럼 캐나디안은 싱글 블레이드 패들로 젓는 캐나디안 카누를 사용하여 수류가 있는 하천 코스를 한 척씩 스타트한 뒤 정해진 게이트를 통과하면서 시간을 겨루는 종목이다.

슬라럼

② Mitsuswa 프로젝트에서 개발 중인 슬라럼용 카약

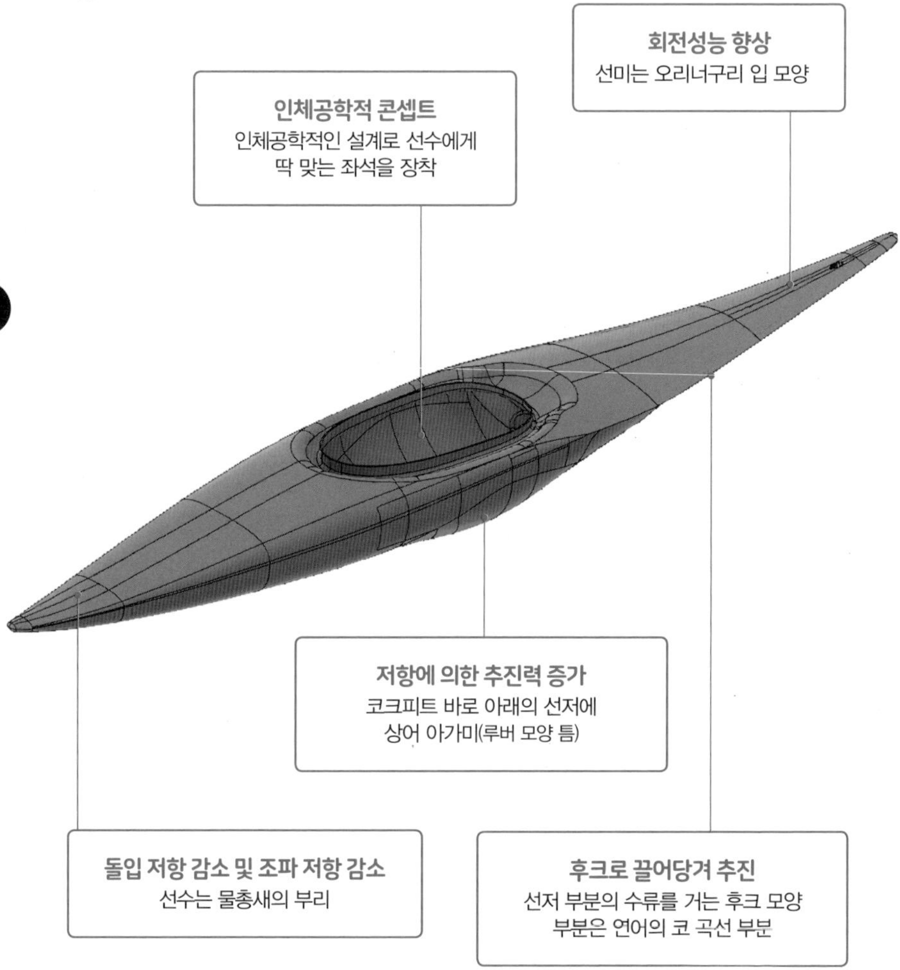

회전성능 향상
선미는 오리너구리 입 모양

인체공학적 콘셉트
인체공학적인 설계로 선수에게
딱 맞는 좌석을 장착

저항에 의한 추진력 증가
코크피트 바로 아래의 선저에
상어 아가미(루버 모양 틈)

돌입 저항 감소 및 조파 저항 감소
선수는 물총새의 부리

후크로 끌어당겨 추진
선저 부분의 수류를 거는 후크 모양
부분은 연어의 코 곡선 부분

제 4 장

빙상·설상 경기

Ice & Snow Sports

25
컬링

10엔드까지를 내다보고
최종적으로 이기기 위한 전략은?

평창 올림픽을 통해 인기가 높아진 컬링에는 독특한 명 칭들이 있다. 먼저 컬링을 하며 싸우는 영역을 시트라고 한다. 크기는 ❶과 같은데, 시트의 양쪽에는 바깥쪽 반경이 1.829m인 원이 그려져 있다. 이 원을 하우스라고 칭한다.

시트의 표면은 얼음이다. 한 쪽 끝에서 손잡이가 달린 스톤(돌)을 던져 다른 쪽 끝에 있는 하우스(원)에 넣는다. 8개의 스톤을 각 팀이 교대로 모두 던진 후에 하우스 중심과 가장 가까운 스톤이 남아 있는 팀이 득점을 한다(❸ 참조).

다음 엔드에서는 이전 엔드에서 득점한 팀이 선공이 된다. 시합은 10엔드를 플레이한 후 총 득점이 많은 팀이 이긴다. 스톤을 던지는 선수(딜리버리)와 스위퍼(빙판을 브러시로 닦는 선수) 2명, 그리고 지시를 내리는 선수로 구성된다. 하우스 안의 스톤을 튕겨 내거나 다음 엔드에서 선공과 후공이 바뀌지 않도록 일부러 0점이 될 수 있게 스톤을 걸어 내는 등 한 엔드의 승리보다 최종적으로 이길 수 있는 전략을 세운다.

스톤의 무게는 20kgf이고, 직경은 약 30cm이다. ❷와 같이 던진 스톤이 정지해 있는 스톤의 정중앙에 충돌하면 스톤과 스톤 사이에서 운동량이 바뀐다. 즉, 움직이는 스톤은 유지하고 있던 운동량(20kg×2m/s)이 0이 되고 정지하고 있던 스톤은 운동량이 바뀌어 2m/s로 미끄러진다. 중심을 빗나가 충돌하면 진행 방향으로 충돌한 각도에 의해 직각 방향의 운동량으로 배분된다. 이렇게 2개의 스톤은 비스듬히 미끄러지지만 미끄러지는 각도는 스톤이 맞은 위치와 속도에 따라 바뀌게 된다.

❶ 컬링 시트

컬링 시트 위의 빙판은 작은 돌기가 무수히 많이 나 있다. 이 돌기를 페블(Pebble)이라 한다. 스톤은 페블이 있는 얼음에서 더 잘 미끄러지지만 반면에 휘어지기는 어렵다. 스톤을 던질 때 천천히 좌회전(반시계 방향)시키면 왼쪽으로 돌고, 우회전(시계 방향)시키면 오른쪽으로 돈다. 스톤이 미끄러지는 속도가 느릴수록 잘 돈다.

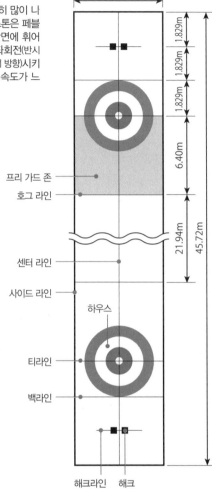

5.0m

1.829m
1.829m
1.829m
6.40m
21.94m
45.72m

프리 가드 존
호그 라인

센터 라인

사이드 라인

하우스

티라인

백라인

해크라인　해크

소곤
소곤

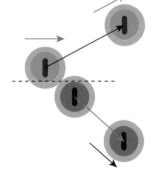

❷ 충돌 방법에 따라 공격하는 스톤과 맞은 스톤의 운동이 달라진다.

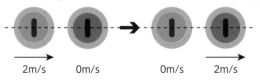

2m/s　　0m/s　　　　0m/s　　2m/s

❸ 득점 계산과 스톤 포지션

중심에 가장 가까운 것은 ●
그 다음 가까운 것은 ●이므로 ●이 1점 : 0점

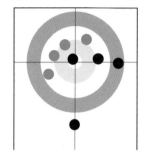

중심에 가장 가까운 것은 ●
그 다음 가까운 것도 ●, 그 다음도 ●이므로 3점 : 0점

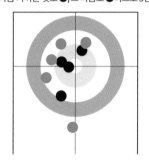

중심에 가장 가까운 것은 ●
그 다음 가까운 것도 ●, 그 다음은 ●이므로 ●이 2점

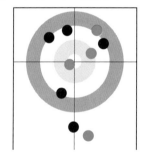

중심에 가장 가까운 것은 ●
그 다음은 ●이므로 ●이 1점

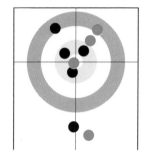

포지션

리드	세컨드	서드	스킵
1투구째를 던진다.	2투구째를 던진다.	3투구째를 던진다. 스킵이 던질 때 지시를 내린다.	4투구째를 던진다. 작전을 세워 얼음을 읽고 지시를 내린다.

한 사람이 두 번씩 던진다. 각 엔드마다 선공 팀의 리드가 첫 번째로 투구한다. 이후 순서대로 후공격의 리드, 선공격의 리드, 후공격의 리드가 2투씩 던지고, 그 다음은 선공의 세컨드, 후공의 세컨드가 2투씩, 이런 순서로 던진다. 마지막으로 후공의 스킵이 2투째를 던지면 엔드가 종료된다. 엔드 종료 시점에서 스톤이 하우스 중심과 가까운 팀이 득점한다. 그 다음 엔드에서는 이전 엔드에서 득점한 팀이 선공이 된다. 10엔드 종료 후 총 득점이 많은 쪽이 승리한다.

※자세한 룰을 알고 싶은 분은 '대한컬링연맹' 공식 홈페이지를 참조

26
피겨 스케이트

일본의 하뉴 선수, 4회전 점프의 파워는?

피겨 스케이트의 점프는 점수가 높은 순서대로 악셀, 러츠, 플립, 루프, 살코, 토루프가 있다. 도약 방법으로 분류하면 에지로 도약하는 점프는 악셀, 루프, 살코가 있고, 토로 도약하는 점프는 러츠, 플립, 토루프가 있다. 자세한 것은 그림과 같다(87~88쪽 참조).

그렇다면 점프에 어느 정도의 힘이 필요한지 계산해보자. 일본의 하뉴 유즈루 선수를 참고로 하여 살코 점프를 생각해 본다.

하뉴 선수의 키는 171cm, 체중은 53kgf이다. 2018년 2월 평창 올림픽의 쇼트 프로그램 연기에서 뛴 4회전 살코 점프는 도약부터 착지까지 0.84초 소요됐다. 그렇다면 수직 방향의 속도 성분 v_0은 $v_0 = g(t/2)$에 의해 $v_0 = 4.12$m/s이며, 점프의 높이는 $y_{max} = -(1/2)gt^2 + 4.12t$에 의해 $y_{max} = 86.6$cm가 구해진다.

또 0.84초 동안 4회전($= 2\pi \times 4$rad)을 돌았기 때문에 각 회전의 속도는 $\omega = 29.92$rad/s가 된다. 점프에 의해 몸을 높이 y_{max}까지 올리는 에너지는 $E_p = mgy_{max}$로 나타낼 수 있으므로 $E_p = 53 \times 9.8 \times 0.866 = 450$J라는 계산식이 성립한다.

몸을 회전시키는 에너지는 다음과 같다.

$$E_s = \left(\frac{1}{2}\right) I \omega^2$$

I는 회전 관성이다. 몸을 반경 r인 원통으로 비유하면 $I = mr^2/2$이다. 여기서 $r = 0.15$라고 하면 계산 결과는 다음과 같다.

$$E_s = \left(\frac{1}{2}\right) \times 53 \times 0.15^2/2 \times 29.92^2 = 267J$$

따라서 몸을 위로 들어 올리는 에너지는 회전에 사용하는 에너지의 약 1.7배 필요하다.

발을 찬 힘의 방향 각도 θ 는 다음과 같이 기운다.

$$\theta = \tan^{-1}\left(\frac{2184}{1187}\right) = 61.5°$$

힘에서 보면 0.1초에 53kgf의 몸을 수직 방향으로 4.12m/s의 속도로 뛰어오르기 때문에 점프력 F_j는 $F_j = 53 \times (4.12-0)/0.1 = 2184$N이 된다. 회전에 필요한 토크는 $T_s = I \times (29.92-0)/0.1 = (53 \times 0.15^2/2) \times (29.92-0)/0.1 = 178$Nm이다.

이 식으로부터 $r = 0.15$인 원주에 건 힘 F_s는 $T_s = F_s \times r$로부터 $F_s = 1187$N이 된다. 이 힘들을 합성하면 스케이트 링크를 찬 힘은 다음과 같다.

$$F = \sqrt{F_j^2 + F_s^2} = \sqrt{2184^2 + 1187^2} = 2486\text{N}$$

이 계산을 보면 피겨 스케이트의 점프가 간단해 보여도 강력한 파워로 점프를 한다는 것을 알 수 있다.

1 점프의 종류

종류	3회전 득점 (기준점)	활주하는 발 (회전 방향)	도약 발	뒤쪽 방향으로 착지하는 발
2 악셀	8.5	왼쪽(왼쪽)	왼쪽 바깥쪽 에지	
3 러츠	6.0	왼쪽(오른쪽)	오른쪽 토	
4 플립	5.3	왼쪽(왼쪽)	오른쪽 토	오른쪽
5 루프	5.1	오른쪽(왼쪽)	오른쪽 바깥쪽 에지	
6 살코	4.4	왼쪽(왼쪽)	왼쪽 안쪽 에지	
7 토루프	4.3	오른쪽(왼쪽)	왼쪽 토	

❷ AXEL 악셀 점프

앞을 보고 왼쪽 다리의 바깥쪽 에지를 탄 뒤 왼쪽으로 선회하듯이 활주하여 오른쪽 다리를 뒤에서 앞으로 들어 올려 왼쪽 바깥쪽 에지로 도약하는 최고난이도 점프. 오른쪽 다리를 축으로 한 뒤 왼쪽으로 회전하여 오른쪽 다리를 이용해 뒤쪽으로 착지한다. 때문에 반 바퀴를 더 회전하게 된다.

❸ LUTZ 러츠

왼쪽 다리의 바깥쪽 에지를 타고 후진하여 오른쪽으로 선회하듯이 활주한 뒤 오른쪽 토를 찍고 뛴다. 몸을 비틀어서 회전하고 회전은 오른쪽 다리를 축으로 하여 왼쪽으로 돌고 오른쪽 다리로 착지한다.

❹ FLIP 플립

점프 직전에 왼쪽 다리의 안쪽 에지를 타고 후진으로 왼쪽을 선회하듯이 활주한 뒤 오른쪽 토를 찍고 뛰어오른다. 회전은 오른쪽 다리를 축으로 왼쪽으로 돌고 오른쪽 다리로 착지한다. 앞을 보고 활주한 뒤 도약 직전에 뒤쪽으로 확 틀어 뛰는 경우가 많다. 러츠와 구분하기 어려운 점프다.

⑤ LOOP 루프

양다리로 후진하여 왼쪽으로 선회하듯이 활주하고 뛰기 직전에 오른쪽 다리의 바깥쪽 에지에 타서 그대로 오른쪽 바깥쪽 에지로 도약하는 점프이다. 오른쪽 바깥쪽 에지로 미끄러지면서 왼쪽 다리를 조금 앞으로 내어 미끄러져 온 힘을 사용하여 도약한다.

⑥ SALCHOW 살코

뒤쪽 방향으로 왼쪽 다리의 안쪽 에지를 향해 왼쪽으로 선회하듯이 활주하면서 다리를 팔자로 벌려 오른쪽 다리를 뒤쪽에서 앞쪽으로 들어 올리고 왼쪽 다리의 안쪽 에지로 점프한다. 오른쪽 다리를 축으로 왼쪽으로 회전하여 오른쪽 다리의 바깥쪽 에지로 착지한다. 비교적 쉬운 점프이기 때문에 남자의 경우 토루프 다음으로 4회전 점프에 많이 사용한다.

⑦ TOE LOOP 토루프

오른쪽 바깥 에지에 타 후진하여 왼쪽으로 선회하듯이 활주하고 오른쪽 다리에 비스듬히 후방 왼쪽 다리의 토를 찍어 점프한다. 오른쪽 다리를 축으로 하고 왼쪽으로 회전하여 오른쪽 다리로 착지한다. 도약 시 왼쪽 다리를 뒤로 빼는 자세가 있으면 토루프 점프다. 가장 뛰기 쉬운 점프이기 때문에 남자 싱글에서 4회전 점프는 대부분이 이 토루프다.

27 스피드 스케이트

일본의 고다이라 선수를 뛰어넘기 위해 공기 저항을 줄이려면?

2018년 평창 올림픽 스피드 스케이트 여자 500m에서 일본의 고다이라 나오 선수가 36.94초의 올림픽 기록으로 금메달을 땄다. 스타트는 100m를 10.26초로 통과했고 평균 속도는 $u = 13.53\text{m/s}$ (= 48.7km/h)였다. 선수의 신장은 165cm, 체중은 60kg이다. 상반신을 수평으로 기울여 앞에서 본 투영 면적을 작게 하는 자세를 취한다. 이 효과에 대해 살펴보자.

일정한 속도로 이동할 때 추진력은 공기 저항력과 같아진다. 추진력이 공기 저항력을 웃돌면 가속하고, 밑돌면 감속한다.

일정 속도에서의 추진력 T와 공기 저항력 D는 같기 때문에 그 관계는 다음과 같이 표현할 수 있다.

$$T = D \qquad D = C_D \frac{1}{2} \rho u^2 A \quad \rightarrow \text{①}$$

추진력은 바뀌지 않고 투영 면적을 바꾼다면 타임에 어떤 영향을 미칠까?

처음 상태에 첨자 1을 붙인다. 자세 변화 후의 상태에는 첨자 2를 붙인다. 추진력은 바뀌지 않으므로 식 ①로부터 다음 식이 나온다.

$$C_D \frac{1}{2} \rho u_1^2 A_1 = C_D \frac{1}{2} \rho u_2^2 A_2 \quad \rightarrow \text{②}$$

또 속도와 시간을 곱한 것이 거리 500m가 되므로 다음 식이 성립한다.

$$500 = u_1 t_1 = u_2 t_2 \rightarrow \text{③}$$

식 ③의 관계를 식 ②에 대입하여 정리하면 다음 식이 나온다.

$$\frac{u_1}{u_2} = \frac{t_2}{t_1} = \sqrt{\frac{A_2}{A_1}} \quad \rightarrow \text{④}$$

2위를 한 우리나라의 이상화 선수의 기록은 37.33초였으므로 이상화 선수가 고다이라 선수의 기록을 0.01초 웃돌기 위해서는 식 ④에 $t_1 = 37.33$,

$t_2 = 36.94 - 0.01 = 36.93$을 대입하여 면적비를 구하면 된다. 식은 다음과 같이 성립한다.

$$\frac{A_2}{A_1} = \left(\frac{t_2}{t_1} \right)^2 = \left(\frac{36.93}{37.33} \right)^2 = 0.979$$

이로부터 투영 면적을 약 98% 작게 만들면 이상화 선수는 고다이라 선수를 앞서게 된다.

원래 상체의 기울기를 θ_1로 하고 수정 후의 기울기를 θ_2로 하면 상체의 투영 면적 비율은

$$\frac{\sin\theta_2}{\sin\theta_1}$$

로 나타낼 수 있으므로 $\theta_2 = 0.979\theta_1$이 된다.

가령 $\theta_1 = 10°$였다면 $\theta_2 = 9.79°$로 비율이 높아지기만 하면, 다시 말해 평소보다 각도를 $0.21°$ 정도만 작게 만들 수 있다면 우승 타임이 나온다. 하지만 실제로 이 각도를 만들어 유지하는 것은 상당히 힘들다.

❶ 상체를 수평으로 만들어 투영 면적을 작게 하면 기록이 올라간다

1위인 고다이라 선수의 기록은 36.94초, 2위인 이상화 선수는 37.33초이다. 이상화 선수가 고다이라 선수를 역전하려면 스타트 자세에서 0.21°만큼 상체 각도를 더 작게 만들었다면 가능했을 것이다.

상체를
수평으로

정면에서 본 투영 면적

28
팀 추월

공기 저항은 줄이고 추진력은 올리는 대형은?

2018년 평창 올림픽의 여자 팀 추월 결승에서 일본의 다카기 미호, 사토 아야노, 다카기 나나 이 세 선수가 네덜란드를 상대로 금메달을 땄다. 일본 선수 3명의 스케이팅을 정면에서 보면 한 선수가 활주하는 것처럼 보일 정도로 흐트러짐 없이 세로로 한 줄을 지어 활주하는 모습은 정말 아름답다.

팀 추월 경기에서는 왜 세로로 줄을 짓고 간격을 붙여 활주하는 걸까? 이는 물리학의 교본과 같다고 할 수 있다. 팀 전체를 하나의 덩어리로 만들어 공기 저항을 줄이는 것이다.

굽힌 상체를 위에서 보면 대략 짧은 반지름:긴 반지름 = 1:2인 타원 형태다. 이것만으로도 원의 저항계수 $C_D = 1.2$와 비교해 동일 비율을 가진 타원의 저항계수는 $C_D = 0.6$으로 절반이 된다.

❶처럼 세 명이 일직선으로 줄을 지어 뭉쳐진 전체 모습을 위에서 보면 거의 1:3인 타원형으로 보인다. 이때 저항계수는 $C_D = 0.2 \sim 0.3$이며, 팀 전체에 걸리는 공기 저항은 한 사람일 때와 비교하여 약 3분의 1로 감소한다. 이런 대형을 유지하여 체력 감소를 막고 후반에는 체력을 유지해 추진력을 내는 데 남은 힘을 쓸 수 있다.

실제로 결승 경기에서 중반까지는 네덜란드 팀이 앞섰지만 일본 팀처럼 대형을 짜지 않았던 네덜란드는 후반 약 두 바퀴에서 타임이 훅 떨어졌다. 때문에 일본이 1.58초의 타임 차이로 역전할 수 있었다. 한 줄로 대형을 유지하도록 연습한 결과였다.

참고로 2개의 원통을 세로로 줄을 세워 2개의 원통 사이의 거리 s를 원통의 직경 d와의 비율로 나타낼 때, $s/d = 0 \sim 2$인 경우 앞쪽 원통은 $C_{D1} ≒ 0.9$,

뒤쪽 원통은 $C_{D2} ≒ -0.4$가 된다. 즉, 뒤쪽의 원통이 추진력을 얻는다는 것이다. 이는 카레이스에서 말하는 슬립 스트림과도 같다. 게다가 앞 원통의 저항계수도 감소하게 된다.

또 $s/d = 2~8$인 경우는 앞의 원통이 $C_{D1} ≒ 1.1$, 뒤의 원통이 $C_{D2} ≒ 0.3$이 된다. 마라톤이나 자전거 레이스에서 줄을 지어 달리는 이유가 바로 이 때문이다.

① 공기 저항을 줄이는 팀 추월의 대형(위에서 본 모습)

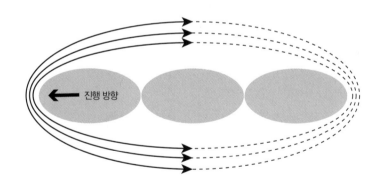

진행 방향

대형을 짜서 공기 저항을 더욱 줄일 수 있다!

29
알파인 스키

100분의 1초를 겨루는 코스를
어떻게 정할까?

알파인 스키는 100분의 1초를 겨루는 경기이므로 타고 내려오는 스키의 속도를 올리는 것이 최우선이다. 물론 코스를 취하는 방법도 상당히 중요하다. 예를 들어 시속 100km로 내려오는 활강 경기의 경우 100분의 1초 동안 활주하는 거리는 27.8cm다. 코스를 잘못 취해서 27.8cm 이상을 더 활강하는 것만으로 100분의 1초 시간 차이가 생겨버리기 때문에 경쟁이 매우 혹독하다.

앞에서도 말했지만 사람의 반응 시간은 0.2초다. 활강 경기는 판단에서 동작까지 걸리는 0.2초 안에 5.56m나 이동하기 때문에 '커브가 있다'고 생각했을 때는 이미 늦다. 이런 경우에는 결국 코스를 쓸데없이 빙 돌아 더 긴 거리를 활강하게 된다.

그런데 여기서는 다운힐이 아니라 회전 경기에 대해 살펴보겠다. 회전 코스에서 최단 거리는 ❶처럼 기문을 회색 점선으로 이은 것이다. 그렇기 때문에 기문에서 벡터(화살표로 나타냄)의 방향을 빨리 정해 얼마나 매끄럽게 기문을 통과하느냐가 승부의 키포인트다.

실제로는 다음 기문에 그은 회색 점선 방향에 접선하는 곡선을 그으면 회색 라인이 된다. 단, 다음 기문에 대해서는 부드럽게 들어갈 수 있어도 직선으로부터 크게 벗어나 버린다. 그렇다면 어떻게 해야 할까?

사실 주어진 점을 자연스럽게 연결하는 방법으로 스플라인 곡선이 있다. 기문에 대한 벡터는 이 지점 전후의 점을 이은 방향을 갖고 있다. 점과 점을 잇는 곡선은 3차 곡선이다. 파란색 곡선으로 표시했는데, 목표로 하는 직선에 가깝고 자연스러운 곡선으로 되어 있다. 스플라인 곡선이란 설계도면을 그을 때 사용하는 구름모양 자를 사용하여 그려지는 곡선으로, 사람의 감각과 가까운 곡선이다.

실제로 스플라인 곡선의 이미지를 잡아 1번 기문을 돌 때 이미 다음에 통과할 2번 기문을 도는 곡선의 접선 방향을 통과중인 기문 1과 두 개 앞에 있는 기문 3을 잇는 방향으로 만드는 것이 코스를 취하는 방법이다. 요약하자면 항상 두 개 앞의 기문 위치를 의식하며 코스를 정하는 것이 중요하다는 것이다.

어디까지나 곡선이 이상적이지만 직선과 직선이 교차하는 점은 수학적으로 자연스럽지 않아 그 점에서 벡터 방향을 정의할 수 없다. 따라서 어떤 방향으로 돌면 좋을지를 정할 수 없다는 뜻이다.

한편 스플라인 곡선은 모든 점을 통과하고 자연스럽다. 기문에서 벡터는 그 기문의 전후 기문을 이은 방향이라고 정할 수 있다.

① 회전 경기에서 기문과 코스 선정

폴

30 크로스컨트리 스키
폴로 찍는 힘은 다리로 차는 운동을 능가하는가?

크로스컨트리 스키에는 스케이트를 타듯 활주하는 프리스타일 주법과 발을 끌듯 달리는 클래식 주법이 있다. 둘 다 다리로 설면을 차면서 달리지만 추진력을 얻기 위해 폴로 설면을 누르는 것이 중요하다. 차는 동작과 동작 사이를 스키 플레이트로 활주해 가는데 이는 마치 네 다리로 걷고 있는 모습과 비슷하다. 폴의 길이는 프리스케이팅이 신장보다 15~20cm, 클래식 주법은 25~30cm 짧은 것을 사용한다. 키가 175cm라면 117~123cm의 폴을 사용하는 알파인 스키와 비교하여 상당히 길다. 가능한 한 오랜 시간동안 폴로 설면을 누를 필요가 있기 때문이다.

❶에 보이는 것처럼 길이가 L인 폴을 앞으로 찍을 때 폴이 설면에 직각이 되면 브레이크가 걸리지 않는다. 팔을 수평으로 뻗어 직각이 되는 길이는 어깨 높이와 비슷하다. 이 위치부터 폴 찍기를 끝낼 때까지의 거리가 바로 폴로 설면을 누르고 있는 거리다. 그림에서 이 거리는 $d = r + s$로 나타낼 수 있다. r은 팔의 길이이고, s는 L과 빗면($r + L$)의 직각 삼각형의 밑변의 길이가 되므로 다음과 같이 나타낼 수 있다.

$$s = \sqrt{(r+L)^2 - L^2}$$

따라서 누를 수 있는 거리 d는 다음과 같다.

$$d = r + \sqrt{(r+L)^2 - L^2} \rightarrow ①$$

여기서 팔의 길이 r이 길면 길수록 누를 수 있는 거리 d가 길어진다는 것을 알 수 있다.

추진력 F를 줄 수 있는 거리가 길다는 것은 다시 말하면 그 시간 t가 길다는 뜻이다. 그래서 질량이 m인 사람의 운동방정식으로부터 속도 v는

$$v = \left(\frac{F}{m}\right)t \quad \rightarrow \text{②}$$

가 되어 속도가 증가한다. 또 선수의 체중이 가벼우면 속도를 올리기 유리하다는 것도 알 수 있다.

❶ 폴로 설면을 누르는 거리

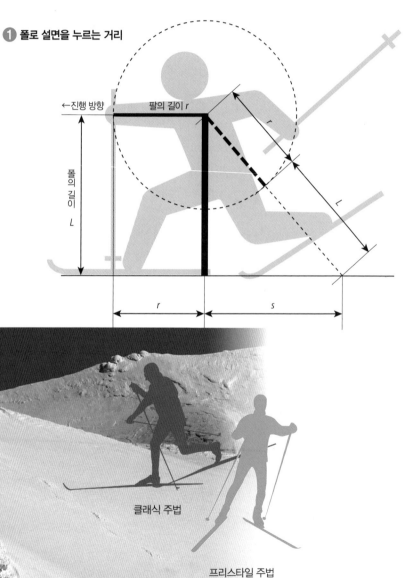

←진행 방향

팔의 길이 r

폴의 길이 L

r

L

r

s

클래식 주법

프리스타일 주법

제4장

96

빙상 · 설상 경기

31
스키 점프

비거리를 내는 양력을 얻는 방법을 날다람쥐에게 배운다?

스키 점프에서는 일본의 다카하시 사라 선수나 가사이 노리아키 선수의 활약이 대단하다. 스키 점프는 점프대의 내리막 주로(어프로치)를 활강하여 칸테라는 도약점(경사가 아래 방향으로 11°)에서 시속 약 90km의 속도로 날아 노멀 힐의 경우는 공중으로 100m 가까이, 라지 힐의 경우는 130m나 난 후 텔레마크 자세로 착지하는 경기다.

선수가 착지하는 랜딩 힐에는 랜딩 구역 시작점을 나타내는 P점(파란선), 건축 기준점을 나타내는 K점(빨간선), 랜딩 구역 한계점을 나타내는 L점(힐 사이즈)이 표시되어 있다. 일본 삿포로 오구라산 점프대(라지 힐)는 어프로치 101m, 경사각 35°, 랜딩힐 202.8m, P점 100m, K점 120m, L점 134m 이다. 이 거리는 칸테부터 경사면을 따라 측정한다. 칸테와 K점의 높이 $h = 60.85$m, 직선거리는 $n = 105.58$m이다.

앞서 언급한 두 선수의 공통점은 공중에서의 비행 궤도가 포물선이 아니라 경사면을 따라 직선 궤도를 그린다는 점이다. 공기 저항력을 위로 올리는 힘(양력)을 이용하기 때문인데, 이 자세는 날다람쥐의 활공과 비슷한 비행 스타일이다.

항력과 양력의 비율을 양항비라고 한다. 양항비는 수평에서 잰 각도이다. 양력이 클수록 그 각도는 작아지므로 잘 떨어지지 않는다. 낙하산으로 내려올 때 천천히 내려오기 위해 항력이 위쪽 방향 힘이 되는 상태와 같다. 따라서 날고 있는 동안에 이 공기 저항을 크게 만들어 위로 올리는 힘을 크게 하면 천천히 떨어지게 된다.

그런데 ❶에 보이는 것처럼 공기 저항이 커지면 수평 방향 성분의 힘도 커지기 때문에 감속 효과가 발생하여 결국에는 멀리 날 수 없게 된다. 이를 막기 위해 몸을 거의 수평으로 만들어 수평 방향으로는 저항을 적게, 수직 방향으로는 저항이 큰 상태를 만들어 내야 한다. 기술이 부족한 선수는 공중에서 몸을 세우기 일쑤지만 그렇게 하면 수평 방향의 공기 저항이 커져 툭하고 떨어져 버린다.

비거리를 늘리려면 공중 자세를 재빨리 정해 그 형태를 유지하는 것이 중요한데, 그러기 위해서는 도약할 때 수평 방향으로 뛰어 오르는 동작을 취해야 한다. 칸테가 아래 방향으로 11° 기울어져 있기 때문에 도약할 때의 속도가 시속 90km(25m/s)인 경우 아래 방향으로 4.77m/s의 속도를 갖고 있다. 이것이 0이 되도록 몸을 일으키는 것이다. 다카하시 선수는 체중이 45kgf이므로 반응 시간 0.2초에 몸을 일으키려면 운동량 변화가 45(4.77-0)/0.2 = 1073N 정도 힘이 필요하다. 이는 110kgf의 추를 들어 올리는 힘과 같다. 이 힘을 이용해 수평 방향으로 뛴 뒤 곧바로 몸을 수평으로 유지해 비행한다. 이렇게 하면 궁극의 날다람쥐 비행이 가능해진다.

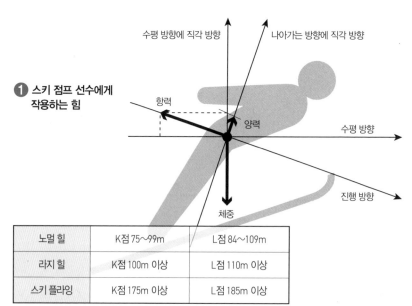

❶ 스키 점프 선수에게 작용하는 힘

수평 방향에 직각 방향

나아가는 방향에 직각 방향

항력

양력

수평 방향

진행 방향

체중

노멀 힐	K점 75~99m	L점 84~109m
라지 힐	K점 100m 이상	L점 110m 이상
스키 플라잉	K점 175m 이상	L점 185m 이상

※스키 플라잉은 올림픽 경기로 채택되지 않았다.

32
스노보드

눈의 밀도와 타는 속도로 보드가 뜬다?

스노보드 판 하나의 면석은 평균 $0.38m^2$이다. 스키 플레이트 2장의 면적과 거의 비슷하다. 스노보드에 몸무게가 65kg인 사람이 타면 판의 $1cm^2$당 17gf의 추(1엔 동전 17개)를 실은 정도의 압력이 가해진다. 눈 위에 1엔짜리 동전 17개를 겹쳐서 올려도 눈이 꺼지지 않는다. 스노보드는 넓은 면적에 체중을 분산시킴으로써 눈에 대한 부담을 줄이고 있다.

스노보드는 막 내린 파우더 스노 속을 어떻게 미끄러지는 것일까? 앞으로 진행하는 힘(추진력)은 체중의 경사면 아래 방향 성분이다. 체중이 65kgf인 사람이 25° 경사면을 내려갈 때 추진력은 $65 \times \sin(25°) = 27.5kgf$가 된다. 이 무게의 추가 끌어당겨 주고 있는 것이다. 따라서 등가속도 운동이 되므로 속도 v는 $v = g\sin\theta\,xt$가 된다. θ는 경사면의 각도, t는 활강을 시작한 후의 시간이다. 이 식에서 시간과 함께 점점 속도가 증가하는 것을 알 수 있다. 단, 실제로는 공기 저항이 작용하므로 어느 속도에서 일정해진다. 이것을 종단 속도라고 하는데 다음과 같이 나타낼 수 있다.

$$V_{terminal} = \sqrt{\frac{mg\sin\theta}{k}}$$

k는 몸에 걸리는 공기 저항계수로 다음과 같다.

$$k = C_D \frac{1}{2} \rho A$$

또한 C_D는 몸의 저항계수, ρ는 공기의 밀도, A는 몸을 전방에서 봤을 때의 면적(투영 면적)이다. $C_D = 1.1$, $\rho = 1.2kg/m^3$, $A = 0.85m^2$라면 $V_{terminal}$은 다음과 같다.

$$V_{terminal} = \sqrt{\frac{65 \times 9.8 \times \sin25°}{1.1 \times 0.5 \times 1.2 \times 0.85}} = 21.9m/s(=79km/h)$$

공기 저항을 무시한 속도와 비교하면 활강 시작부터 약 6초 후에 일정 속도 $V_{terminal}$로 활강하게 된다. 저항계수를 높이는 헐렁한 옷을 입고 $C_D = 1.7$, $A = 1.02m^2$로 가정하면 $V_{terminal} = 16.1m/s$ ($= 58km/h$)로 속도를 늦출 수 있다. 복장만으로도 내려가는 속도가 상당히 바뀌게 된다.

활주에서 체중을 지탱하는 힘은 어떻게 될까? ❶과 같이 스노보드의 아래를 흐르는 눈과 섞인 공기의 흐름은 기울인 보드에서 아래 방향으로 굽힐 수 있는 힘의 반발력이다. 위쪽 방향의 힘이 체중과 균형을 이루면 파우더 스노에 떠 있게 된다.

파우더 스노의 밀도(눈이 섞인 공기의 밀도)를 $50kg/m^3$이라고 가정하자. 스노보드를 진행 방향에 따라 $18°$ 기울이고, 속도 $19.7m/s$로 활강하면 방향의 흐름을 바꾼 힘의 반발력이 어떤 방향으로 진행되느냐에 따라 직각 방향 성분이 $F_y 72kgf$가 된다. 따라서 체중을 지탱하는 힘 $F_y \cos 25° = 65kgf$를 얻는다.

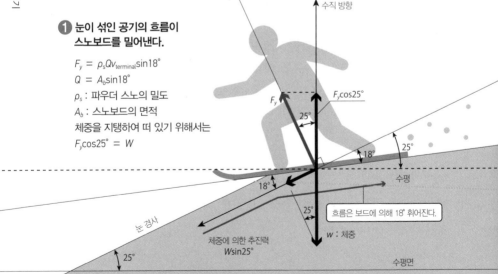

❶ 눈이 섞인 공기의 흐름이
스노보드를 밀어낸다.

$F_y = \rho_s Q v_{terminal} \sin 18°$
$Q = A_b \sin 18°$
ρ_s : 파우더 스노의 밀도
A_b : 스노보드의 면적
체중을 지탱하여 떠 있기 위해서는
$F_y \cos 25° = W$

수직 방향

F_y

$F_y \cos 25°$

$25°$

$18°$

$25°$

수평

$18°$

흐름은 보드에 의해 $18°$ 휘어진다.

$25°$

w : 체중

눈 경사

체중에 의한 추진력
$W \sin 25°$

$25°$

수평면

33 스타트할 때 선수 전원이 함께 미는 힘으로 타임을 줄인다?

봅슬레이

봅슬레이 코스는 평균 길이가 1300m, 고저차가 110m, 최대 경사가 15°이며 길이와 고저차로부터 코스 전체의 평균 경사는 $\theta = \sin^{-1}(110/1300) = 4.85°$이다. 4인승 봅슬레이의 무게는 선수의 체중을 포함하여 630kgf 이하로 규정되어 있다. 여기서는 $m = 630$kg으로 생각해 보자.

$$V_{\text{terminal}} = \sqrt{\frac{mg\sin\theta}{k}} \rightarrow ①$$

k는 몸에 실리는 공기 저항계수로 다음과 같다.

$$k = C_D \frac{1}{2} \rho A + k_f$$

또 C_D는 봅슬레이의 형상 저항계수, ρ는 공기의 밀도, A는 봅슬레이를 정면에서 봤을 때의 면적(투영 면적), k_f는 블레이드 부분이 얼음 면과 닿는 마찰저항 팩터이다.

여기서 $C_D = 0.3$, $A = \pi \times 0.3^2 = 0.28$m², $\rho = 1.2$kg/m³, $k_f = 0.45$라고 하자. 식 ①에 이 값들을 대입하면 최종 속도는 다음과 같다.

$$V_{\text{terminal}} = \sqrt{\frac{630 \times 9.8 \times \sin 4.85°}{0.3 \times 0.5 \times 1.2 \times 0.28 + 0.45}} = 32.3 \text{m/s}(=116\text{km/h})$$

이 스피드로 1300m를 활주하면 40.25초로 골인하는데, 저항이 없다고 했을 때 이 속도가 될 때까지의 시간은 $v = g\sin\theta \times t$로부터 39초 걸린다. 즉, 자연 가속에 맡기면 골 직전에 겨우 설계 속도와 일치하게 된다는 것이다. 그래서 선수들은 스타트와 동시에 달리면서 봅슬레이를 밀어서 가속해야 한다.

이때 필요한 힘은 5초로, 4명 전원이 70kgf, 봅슬레이 본체의 질량이 350kg라고 하면 5초 안에 이 속도까지 올리기 위해 전원이 밀어야 하는 힘

F는 $F = 350 \times (32.3-0)/5 = 2261\mathrm{N}$이 나온다. 이 이상의 힘을 내면 가속 시간을 단축시켜 좋은 기록을 낼 수 있으므로 팀 전원이 미는 힘이 매우 중요하다.

그런데 저항과 균형을 이루는 최종 속도 $V_{terminal}$을 더욱 올리려면 식 ❶로부터 알 수 있듯이 k를 작게 만들어야 한다. k의 내용은 공기 저항과 블레이드가 얼음 면에 닿는 마찰 저항이다. k를 1% 줄일 수 있다면 속도는 33.74m/s가 되어 4.5% 올라간다. 기록으로는 38.53초가 되므로 1.72초 단축시킬 수 있다. 100분의 1초나 1000분의 1초를 겨루는 경기에서는 1%의 저항 감소가 얼마나 대단한지 잘 알 수 있다. 따라서 저항을 줄이는 공학이 중요하다.

❶은 유체공학을 고려한 봅슬레이의 콘셉트 설계도이다. 이 아이디어로 공기 저항을 10분의 1, 블레이드의 저항을 25% 줄이려고 노력하고 있다.

❶ 유체공학을 이용한 콘셉트 설계도

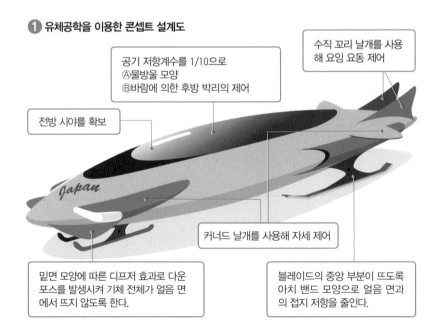

공기 저항계수를 1/10으로
Ⓐ물방울 모양
Ⓑ바람에 의한 후방 박리의 제어

수직 꼬리 날개를 사용해 요잉 요동 제어

전방 시야를 확보

커너드 날개를 사용해 자세 제어

밑면 모양에 따른 디프저 효과로 다운포스를 발생시켜 기체 전체가 얼음 면에서 뜨지 않도록 한다.

블레이드의 중앙 부분이 뜨도록 아치 밴드 모양으로 얼음 면과의 접지 저항을 줄인다.

제 **5** 장

격투기·무도
Combat Sports

34
복싱

공격력을 높이고 상대를 녹아웃(Knock out)시키는 펀치는?

프로복싱에서 사용하는 글러브는 미니엄급부터 슈퍼라이트급까지가 8온스(227g), 웰터급부터 헤비급까지가 10온스(283.5g)이다. 현재 WBA 밴텀급 세계챔피언인 일본의 이노우에 나오야 선수는 신장이 165cm, 리치(Reach: 사정거리)가 171cm인 오른손잡이 복서다. 초반에 상대를 쓰러뜨리는 엄청난 KO 펀치 파괴력을 가지고 있어서 몬스터라는 별명이 붙었다. 밴텀급 선수의 체중은 53kgf 전후이다. 특히 체격이 작은 일본인에게 맞는 체급이어서 그런지 지금까지 일본에서 하세가와 호즈미 선수, 나카야마 신스케 선수 등 세계 챔피언이 다수 배출됐다.

머리의 무게는 체중의 8%이고 보디 부분은 46%이므로 밴텀급에서 체중이 53kg인 선수의 머리는 4.24kgf, 보디는 24.4kgf다. 주먹과 글러브를 합한 무게는 0.53+0.227 = 0.757kgf이므로 이에 비해 머리는 6배, 보디는 32배 무겁다. 이것을 전제로 생각해보자.

펀치를 맞은 얼굴이나 보디가 움직이지 않는다면 글러브를 낀 주먹의 운동량 변화에 따라 명중한 타격력을 계산할 수 있다. 글러브를 낀 주먹의 질량을 m, 펀치의 속도를 v_1, 되돌아오는 속도를 v_2라고 하면 펀치력 F는 다음과 같다.

$$F = \frac{d(mv)}{dx} = \frac{mv_2 - mv_1}{\Delta t} = \frac{I}{\Delta t}$$

$I(= F\Delta t)$는 충격량(impulse)이라고 하는데, 단위는 [N.s]로 운동량의 변화량을 나타낸다. 이 식으로부터 도출한다면, 타격 시의 힘(충격량) F를 올리기 위해 운동량 차이를 크게 만들거나 타격 시간을 짧게 해야 한다.

가령 타격할 때 $v_1 = -v$, $v_2 = v$ 즉, 때리는(음의 방향) 속도와 빼는(양의 방향) 속도를 같은 크기로 하면 충격량은 $F = 2mv/\Delta t$가 되어, 때렸을 때 운동량의 차이가 최대가 된다. 또 타격 시간 Δt를 짧게 할수록 상대에게 가하는 충격량과 순간적인 힘이 커진다. 이 펀치가 바로 잽이다. 잽은 충격량이 강하다고 해도 순간적이기 때문에 데미지를 보다 증강시키려면 때리는 횟수를 늘릴 필요가 있다.

스트레이트나 훅의 경우 체중이나 팔을 휘두를 때 중량을 주먹에 실어 m을 크게 한다. 이때는 팔을 빼지 않으므로 되돌아오는 속도는 $v_2 = 0$이다. 때문에 충격량이 $F = mv/\Delta t$로, 파워는 잽의 반이 된다. 그래서 펀치에 체중을 실어 m을 크게 만든 뒤 상대를 때리는 것이다. 펀치력이 어느 정도 있는 선수라면 맞히기만 해도 상대를 한 번에 쓰러트릴 수 있다. 턱이든 보디이든 체중을 실어 때리는 펀치가 파괴력이 큰 것이다.

❶ 잽의 효과

· 펀치의 속도 → v_1
· 되돌아오는 속도 → v_2
· v_1, v_2가 똑같은 속도인 경우 충격량은 $F = 2mv/\Delta t$가 되어 펀치를 명중했을 때의 운동량 차이가 최대
· 타격 시간 Δt를 짧게 할수록 상대에 대한 충격량이 커진다.

❷ 스트레이트·훅의 효과

· 팔을 빼지 않는 타격이므로 되돌아오는 속도 $v_2 = 0$
· 충격량은 $F = mv/\Delta t$로 파워는 잽의 반
· 주먹에 체중을 실어 주먹의 질량 m을 증대시킨다.
· 체중을 실어 질량 m을 크게 하여 상대를 때리면 파괴력이 커진다.

35
유도

위누르기는 빠져나올 수 있지만 곁누르기는 빠져나올 수 없다?

유도의 굳히기 기술로 누르기 9종, 조르기 11종, 꺾기 9종이 있다. 이 글에서는 누르기 기술에 대해 설명하겠다. 이 기술은 누운 모습으로 공격과 방어를 하는 기술 중 한 분야다. 상대의 등과 양 어깨 또는 한쪽 어깨를 매트에 닿도록 위를 보게 눕힌 뒤 자신의 몸이나 다리가 상대의 다리에 끼지 않도록 자세를 유지한다. 상대가 몸을 비틀거나 회전, 브리지 등을 사용하여 빠져나오려고 할 때 빠져나오지 못하게 누르는 것이다. 이 상태로 20초가 경과하면 한판이다.

이제 자신이 이 기술에 걸렸을 때 어떻게 해야 빠져나올 수 있는지를 역학적으로 생각해 보자. 누르는 쪽을 A, 눌림을 당하는 쪽을 B라고 하자.

위누르기를 건 A는 B의 다리에 끼지 않도록 신체를 떨어뜨리고 머리와 팔의 자유를 빼앗으려고 한다. 머리가 향한 방향으로 신체를 비틀기 쉽기 때문에 머리의 자유도 제어하는 것이다. 팔이 하나라도 자유롭지 않으면 비틀거나 당기는 일은 어려워진다. 그래도 B가 다리를 사용해 비트는 것은 주의해야 한다.

A가 다리를 벌리고 바닥과 θ 각도로 버텨 B의 머리부터 상반신을 누르고 있는 경우 ❶과 같이 B는 F의 힘을 $F > W/\tan\theta$가 되도록 방출하면 회전할 수 있다. 이때 비틀기에 필요한 토크 T는 $T = 3rF$가 된다. r은 몸을 원통으로 생각할 때의 반경이다. 위누르기에서 탈출하려면 B는 이 각도 θ가 가능한 한 크게 되도록 A의 다리를 자신의 몸에 밀착시키는 것이 중요하다. $\theta = 90°$로 만들면 $\tan\theta \to \infty$이 되어 간단히 비틀어서 뒤집을 수 있다.

다음은 곁누르기(❷)다. B가 누르기에서 빠져나오려면 자유로운 다리 모멘트를 사용해야 한다. 이 움직임은 $L_b W_L \sin\theta$으로 나타낼 수 있다. L_b는 다리의 고관절부터 중심까지의 거리이고, W_L은 양 다리의 무게($= 0.34W$)다. B의 움직임 $L_b W_L \sin\theta$가 A의 체중 $W\sin63°(63° = \tan^{-1}(2r/r))$에 거리 $\sqrt{5}r$을 곱한 모멘트보다 크면 회전할 수 있으므로 다음과 같은 식이 된다.

$$L_b W_L \sin\theta \geq \sqrt{5}r\,W\sin63°$$

그런데 여기에 $W = 70\text{kgf}$, $r = 0.15$, $W_L = 0.34 \times 70 = 23.8\text{kgf}$로 구체적인 수치를 넣어보면 다음과 같은 결과가 나온다.

$$L_b = \frac{0.88}{\sin\theta}$$

$\theta = 45°$인 경우는 $L_b = 1.24\text{m}$, $\theta = 60°$인 경우는 $L_b = 1.01\text{m}$, $\theta = 90°$인 경우는 $L_b = 0.88\text{m}$와 같이 비현실적인 다리 길이가 나온다. 다시 말해 곁누르기 기술을 당하면 이미 회전이 불가능하기 때문에 안타깝지만 포기할 수밖에 없다는 뜻이다.

① 위누르기 상황

② 곁누르기 상황

누르는 쪽

F F

W

팔이나 다리

$3r$

θ

L_a

눌린 쪽

다리

θ

W_L

누르는 쪽

$2r$

L_b

r

F

W

$\sqrt{5}r$

눌린 쪽

36 검도 죽도의 '격자부'로 면을 때리는 잔심(殘心)의 물리학은?

성인 남성용 죽도 길이는 39(삼구), 즉, 3척 9촌(3 × 30.33cm + 9 × 3.03cm = 118.26cm)으로 무게는 510gf 이상이다. ❶을 참고하면, 죽도의 병두를 왼손 약지와 새끼손가락으로 쥐고(나머지 손가락은 살짝 걸치는 느낌) 오른손은 코등이 근처에 걸친다. 쥔 죽도를 머리 위 45° 경사로 높이 쳐들고 왼손이 휘두르는 죽도의 무게를 이용하여 상대의 머리 정수리 부분을 '격자부'로 때려 동시에 '머리!'하고 외친 뒤 잔심 자세를 취한다. 검도 7단 고수인 E씨는 '잔심(殘心)은 쓰러뜨린 상대를 경외하는 자세'라고 말한다. 잔심이 없으면 한판이 안 될 정도로 중요한 행동이다. 심기일체를 중요시하는 무도만의 법도인 것이다.

그렇다면 심판은 잔심의 마음을 어떻게 알고 한판의 여부를 판단하는 걸까? 실제로 심판은 사람의 마음을 읽을 수 없으므로 동작 중에 그 마음이 포함되어 있다고 생각하는 것이라고 한다. 이것이 무엇인지 살펴보자.

손으로 쥔 병두를 지점으로 하여 그로부터 무게중심까지의 거리를 L_g, 격자부의 중심까지의 거리를 L_s라고 하자. 격자부라 부르는 부위는 야구 배트의 심에 해당한다. 일본도에도 격자부가 있으며, 그 부위가 심이라는 것이 진동 실험으로 알려져 있다.

죽도의 격자부로 때릴 때 상대의 정수리부터 되돌아오는 힘 F에 의해 무게중심을 중심으로 시계 방향의 회전이 발생한다(❶의 방향에서 본 경우). 그 회전에 의해 병두는 아래 방향으로 회전하는 속도를 가진다. 더욱이 힘 F는 무게중심을 위 방향으로도 이동시키므로 병두는 위방향으로 이동 속도를 가지게 된다. 아래 방향과 위 방향의 속도 성분 크기가 같아도 방향이 반대이므로 상쇄되어 결국 병두 부분이 움직이지 않게 된다.

격자부 외의 다른 부위로 때릴 때는 속도 성분의 크기가 달라 병두가 이동하기 때문에 손에 찌릿찌릿한 진동이 전달된다. 그래서 격자부로 치고 손이 딱 멈춰 있는 행동(몸짓)을 잔심이라 할 수 있으며, 제대로 된 잔심은 보기에도 확연하게 정지 상태라는 것을 알 수 있다.

격자부의 가상적 질량 m_s는 지레의 원리로부터

$$m_s = \frac{L_g}{L_s} m$$

이므로 힘 F는 다음과 같이 나타낼 수 있다.

$$F = \frac{d(m_s v)}{dx} = \frac{m_s v_2 - m_s v_1}{\Delta t} = \frac{I}{\Delta t}$$

I는 충격량이다. 이 식에서 타격할 때의 힘 F를 크게 만들려면 운동량 차이를 크게 하거나 타격 시간을 짧게 해야 한다. 가령 타격할 때 $v_1 = -v$, $v_2 = v$라면 $F = 2m_s v/\Delta t$가 나와 운동량 차이가 최대가 된다. 속도는 동일해도 방향은 반대라는 것은 앞에서와 마찬가지이므로 역시 잔심으로 정지한다. 타격은 단시간일수록 상대의 머리에 큰 힘을 가하기 때문에 고수로부터 '머리!'를 받으면 죽도가 무겁게 느껴지고 발가락 쪽까지 마비되는듯한 감각을 느끼게 된다. 이 감각은 이러한 물리학의 작용에 의한 것이다.

① 죽도

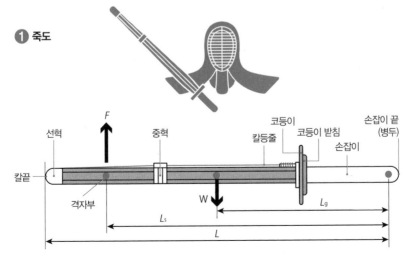

37

줄다리기

줄다리기는 체중이 무거운 쪽이 정말 유리할까?

줄다리기는 1900년 제2회 파리 올림픽부터 5회 동안 계속된 역사를 갖고 있다. 줄다리기에서 줄을 서로 당기며 자세를 유지하는 상황을 생각해 보자(❶). 좌우 양쪽의 선수의 체중을 W_1, W_2, 몸의 각도를 각각 θ_1, θ_2라고 한다. 로프의 연장선이 왼쪽 선수의 무게중심 A1과 오른쪽 선수의 무게중심 B1을 통과한다고 하고, 다리가 지면과 붙어 있는 점을 각각 A2, B2라고 하자. 선분 A1, A2와 지면이 이루는 각도를 θ_1, 선분 B1, B2와 지면이 이루는 각도는 θ_2, 왼쪽 선수가 로프를 당기는 힘을 F_1, 오른쪽 선수를 F_2라고 한다.

각각의 점 A1에서 힘의 균형과 점 A1이 A2를 향해 움직이지 않는다는 조건으로부터 $F \leq \mu W_1$이 구해진다. 가령 마찰력으로 당겨지는 힘 F가 크다면 A2가 F_2(오른쪽 선수) 방향으로 이동한다(미끄러진다). 그러면 정지한 상태에서 최대로 당기는 힘은 $F = \mu W_1$이 된다. 마찬가지로 B1, B2의 각 점에서도 똑같은 논리가 가능하기 때문에 오른쪽 선수가 미끄러지지 않는 당기는 힘의 최대 $F = \mu W_2$가 나온다.

로프 중앙에서 양쪽의 장력은 균형을 이룬다. 즉, $F_1 = F_2$이므로 $F_2 = W_1/\tan\theta_1$, $F_1 = W_2/\tan\theta_2$로부터 다음 식이 성립한다.

$$\frac{W_1}{W_2} = \frac{\tan\theta_1}{\tan\theta_2}$$

$\theta_1 = 60°$, $\theta_2 = 30°$라면

$$\frac{W_1}{W_2} = \frac{\tan60°}{\tan30°} = 3$$

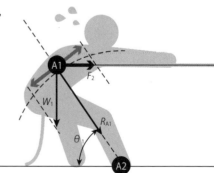

이 되므로 왼쪽 선수의 몸무게 W_1이 오른쪽 선수의 몸무게 W_2의 3배라고 하면 이 각도가 된다. 반대로 말하면 체중 차이가 있어도 균형을 이루려면 이와 같은 각도를 취해야 한다는 것이다.

그 다음으로 이 상태의 장력을 구해보자.

$W_2 = 60\text{kgf}$라면 $W_1 = 180\text{kgf}$, 장력은 $F_1 = F_2 = W_2/\tan\theta_2 = 60\text{kgf}/\tan60° = 35\text{kgf} = 343\text{N}$이 된다. 마찰계수가 $\mu = 0.7$이라면 $F_{1f} = \mu W_1 = 0.7 \times 180\text{kgf} = 126\text{kgf} = 1235\text{N}$, $F_{2f} = \mu W_2 = 0.7 \times 60\text{kgf} = 42\text{gf} = 412\text{N}$이다. 장력은 마찰력보다 작으므로 양쪽 선수가 모두 미끄러지지 않고 정지하게 된다.

가령 균형 조건을 유지한 후 오른쪽 선수가 미끄러지지 않도록 몸을 기울이면 $F_2 = W_1/\tan\theta_1 = \mu W_1 = 0.7 \times 180\text{kgf} = 126\text{kgf} = 1235\text{N}$에 의해 $\theta_1 = 55°$가 나온다. 이 장력과 균형을 이루도록 왼쪽 선수도 몸을 기울여야 한다. 경사각은 $F_1 = 60\text{kgf}/\tan\theta_2 = 1235\text{N}$으로부터 $\theta_2 = 25°$가 된다.

그런데 오른쪽 선수가 아무리 힘을 써도 당겨지는 힘이 점 B2에서 정지마찰력(412N)을 웃돌기 때문에 25°의 기울기를 유지한 채로 발쪽이 미끄러져 버린다. 이로써 줄다리기는 체중이 무겁고 정지마찰계수가 높은 신발을 신은 쪽이 유리하다는 것을 알 수 있다.

① 줄다리기와 힘의 밸런스

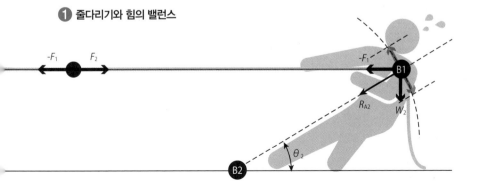

38 몸집이 작은 스모 선수가 거구의 스모 선수를 들어 올릴 수 있을까?

일본 씨름(스모)

스모는 현대에서는 드물게 체중별 대전이 없는 격투기다. 200kg을 넘는 거구의 스모 선수가 있는 반면 120kg도 안 되는 작은 몸집의 선수도 있다. 현재 마쿠노우치 스모 선수의 평균(2018년 1월 바쇼)은 신장이 184.2cm, 체중이 164.0kg이다.

이런 오즈모의 스모 기술 중 하나인 들어메치기를 생각해 보자. 스모 선수의 등근육 평균은 1764N(180kg의 추를 들어 올리는 힘) 정도이다. 등근육만으로 180kg의 선수를 간당간당하게 들어 올릴 수 있다. 스모 선수를 들어 올릴 때는 팔 힘뿐만 아니라 자신의 배 위에 들어올리는 힘을 이용한다.

이 상태를 간단한 역학 모델로 생각해 보자. 배 위로 들어 올리는 힘을 분해한다(❶). 배를 원으로 대체하고 그 커브를 따라 들어 올린다고 가정해 보자. 바로 옆에 들어 올릴 상대 선수가 있다면 그냥 위로 들어 올리는 힘은 상대 선수의 체중과 같은 크기가 된다. 즉, 앞에서 말한 대로 180kgf의 선수가 있다면 그 선수를 끌어올리는 데는 180kgf를 들어 올리는 힘 1764N이 필요하다.

그런데 배 커브의 접선 방향 힘은 체중의 코사인 성분이 되므로 조금 작아진다. 수평에서 기울기가 30°일 때는 체중의 87%가 되므로 157kgf로 줄어든다. 45°일 때는 71%가 되어 128kgf로 감소하는 것이다. 배의 꼭대기에 올렸을 때는 자신의 배로 체중을 지탱하기 때문에 끌어올리는 힘은 0kgf다. 팔의 힘뿐만이 아니라 배의 둥근 곡선을 사용하여 끌어올리므로 배가 불룩 튀어나온 선수가 유리하다.

작은 힘으로 무거운 것을 들어 올릴 때는 ❷와 같이 지렛대 원리를 사용한다. 무거운 물체가 역점에 있고, 거기에 봉이 끼워져 있어서 봉의 다른 한쪽 작용점에 힘 F_1을 가하여 아래로 누른다. 그러면 받침점을 중심으로 역점이 위로 움직여 큰 힘 F_2가 발생한다. 이 힘 F_2는 $F_2 =$ (받침점부터 작용점까지의 거리 L_1)÷(받침점에서 역점까지의 거리 L_2)×작용점에 더한 F_1로 나타낼 수 있다. 따라서 큰 힘을 얻으려고 하면 거리의 비가 확대된다.

$$\left(\frac{L_1}{L_2}\right)$$

즉, [받침점에서 작용점까지의 거리 L_1]을 [받침점에서 역점까지의 거리 L_2]보다 길게 만들면 된다.

배 위로 끌어올리는 경우 배와 접한 부분이 받침점이 되므로 상대 선수까지의 거리를 가능한 한 줄여서 밀착시키는 것이 중요하다. 또 역점이 되는 어깨부터 받침점까지의 거리가 긴 쪽이 작은 힘으로도 무거운 선수를 들어 올릴 수 있게 된다. 이 물리 이론을 기술에 응용할 수 있다면 몸집이 작은 선수가 거구의 선수를 들어 올릴 수 있다.

① 배 위로 들어 올리는 힘

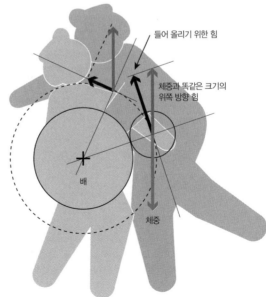

들어 올리기 위한 힘

체중과 똑같은 크기의
위쪽 방향 힘

배

체중

❷ 지렛대 원리

F_1

작용점

L_1

L_2

F_2

역점

받침점

100년 동안 스모 선수의 평균 신장과 체중의 변화 (자료: NumberWeb)

● **2018년 1월 바쇼 마쿠노우치 선수 42명**
  [평균] 신장 184.2cm   체중 164.0kg   BMI 48.4
  최고 신장: 194cm / 최저 신장: 172cm
  최고 중량: 215kg / 최저 경량: 116kg

● **1968년 1월 바쇼 마쿠노우치 선수 34명**
  [평균] 신장 180.9cm   체중 130.0kg   BMI 39.9
  최고 신장: 192cm / 최저 신장: 172cm
  최고 중량: 176kg / 최저 경량: 88kg

● **1918년 1월 바쇼 마쿠노우치 선수 48명**
  [평균] 신장 174.6cm   체중 102.9kg   BMI 33.8
  최고 신장: 190cm / 최저 신장: 159cm
  최고 중량: 150kg / 최저 경량: 81kg

제 6 장

새로운 기타 스포츠

New & Other Sports

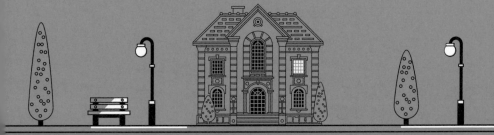

39

트램펄린

뛰어오르는 속도를 올리면 최고 도달점에 차이가 없다?

2016년 리우데자네이루 올림픽 트램펄린 남자부 경기에서 일본의 무네토모 긴가 선수(169cm/63kg)가 59.535점을 받아 4위로 입상했고 이토 마사키 선수(167cm/62kg)는 58.800점으로 6위에 입상했다. 우승자 점수는 61.745였다. 트램펄린은 T 스코어(체공 시간), E 스코어(연기 점수/수행 점수), D 스코어(난이도 점수)를 합산하여 겨루는 경기다.

기본은 보다 높고 아름답게 연기하는 것이다. 체공 시간은 10번 뛴 합계 시간이 그대로 점수가 된다. 체공 시간이 길면 점수도 높아지고 이는 연기 점수에도 반영된다. 연기 점수는 10가지 종목(수직 뛰기, 무릎으로 떨어지기, 비틀어 뛰기, 다리모아 뛰기 등)의 연기와 착지로 결정된다. 자세, 공중제비가 벌어지는 위치, 몸을 늘이는 자세, 손끝, 발끝, 비틀기를 할 때 체간의 뒤틀림, 손의 체간에 대한 밀착도 등을 평가한다. 난이도는 비틀기는 180°마다, 세로 회전은 90°마다, 공중제비는 360°(1회전)마다 0.1점이 가산된다.

우승자와 무네토모 선수의 점수 차는 61.745−59.535 = 2.21°다. 한 번 뛸 때 0.221초의 차가 있다. 도약 높이 y는 처음 속도 v_0이고 시간 t와의 관계는 자유낙하 방법에 따라 다음과 같다.

$$v = -gt + v_0 , \ y = \frac{-1}{2}gt^2 + v_0 t$$

최고 도달점 y_{max}와 v_0의 관계는 에너지 보존법칙에 따라

$$\frac{1}{2}mv_0^2 = mgy_{max}$$

이며, 양변의 질량 m은 상쇄되어 다음과 같이 나타낼 수 있다.

$$y_{max} = \frac{v_0^2}{2g}$$

즉, 최고도달점은 뛰기 시작할 때의 속도로 정해지고, 체중은 관계없다.

트램펄린에서 도약 속도는 네트의 탄성력에 의존한다. 탄성력 F_c는 탄성 상수 k와 가라앉는 깊이 y_c를 사용하여 $F_c = ky_d$가 된다. 높이 y_{max}에서 네트로 v_0의 속도를 갖고 낙하한 뒤 네트의 반발력을 이용해 위를 향해 v_0으로 뛰었을 때 네트에 낙하한 선수의 힘 F는 Δt라는 짧은 시간에서의 운동량 차이이므로 다음과 같이 구할 수 있다.

$$F = \frac{m\{v_0 - (-v_0)\}}{\Delta t} = \frac{2mv_0}{\Delta t}$$

F 힘으로 네트를 가라앉혀 네트의 탄성력으로 선수는 뛰어오르는 것이므로 위 식을 묶어서 정리하면 다음과 같다.

$$y_d = \frac{2mv_0}{k\Delta t}$$

즉, 체중이 무거운 쪽이 가라앉는 y_d가 크고 반발력도 크나는 것을 밀 수 있다. 하지만 네트에 접촉하는 시간 Δt가 똑같다면 체중의 차는 이용할 수 없고 뛰어오르는 속도는 체중과 무관해진다. 네트의 탄성력에 몸의 굴신도 추가하여 Δt를 작게 만들면 보다 큰 힘을 얻어 높이 뛰어오르게 된다. 참고로 높이 $y_{max} = 8m$일 때 뛰어오르는 속도는 다음과 같이 계산할 수 있다.

$$v_0 = \sqrt{2gy_{max}} = \sqrt{2 \times 9.8 \times 8} = 12.52m/s$$

따라서 체공 시간은 $t = 2.56$초이다. 무네토모 선수의 이야기로 되돌려 이 선수가 뛰어오를 때의 힘을 $\Delta t = 0.16$초라고 하면

$$F = \frac{2mv_0}{\Delta t} = \frac{2 \times 63 \times 12.52}{0.16} = 9860N$$

이 되어 걸리는 힘은 체중의 16배다. 무네토모 선수가 우승을 하려면 한 번 당 체공 시간을 0.221초 늘려야 하므로 2.56+0.221 = 2.781초, 높이로 계산하면 $y_{max} = 9.47m$가 요구된다. 키만큼 높이 차이가 있으므로 이때 처음 속도는 $v_0 = 13.63m/s$다. Δt가 똑같다면 10731N의 힘이 필요하다. 처

음의 12.52m/s로 떨어져도 Δt를 0.147초로 하면 이 힘을 얻는다. 연기 전의 준비 단계에서 여러 번 뛰어 오를 때 네트의 탄성력을 잘 사용하여(공진시켜) 보다 높은 힘을 얻도록 의식하는 것이 중요하다.

뛰어오르는 타이밍도 네트가 수평이 되었을 때 네트의 상승 속도가 최대가 되므로 그 순간에 뛰어오르는 것이 가장 효과적이다(❷). 순간의 기회를 놓치지 않도록 네트가 최하점에 가라앉았을 때를 가늠하여 뛰어오를 준비를 할 수 있도록 신경 써야 한다.

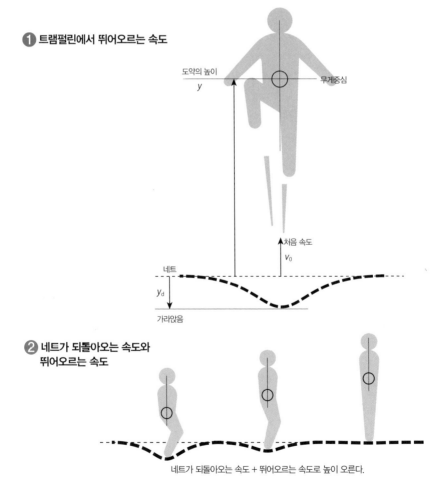

❶ 트램펄린에서 뛰어오르는 속도

도약의 높이
y

무게중심

처음 속도
v_0

네트

y_d

가라앉음

❷ 네트가 되돌아오는 속도와
　뛰어오르는 속도

네트가 되돌아오는 속도 + 뛰어오르는 속도로 높이 오른다.

40
볼더링

딱 붙는 자세와 홀드에 다리를 디디는 방법으로 난코스를 클리어?

볼더링은 스포츠 클라이밍 종목 중 하나이다. 높이 4m 정도의 각종 홀드(돌기)가 배치된 벽면을 4분 이내에 어디까지 오를 수 있는지가 관건이다. 안전을 위한 로프는 사용하지 않는다.

손의 땀을 흡수하고 미끄러지지 않도록 하는 초크와 슈즈가 최소한의 도구다. 경기에서는 끝까지 등반한 과제의 수를 겨룬다. 완등이란 지정된 홀드에서 오르기 시작하여 지정된 골의 홀드를 양손으로 유지하는 것을 말한다. 몸을 지탱할 때 가능한 한 손의 부담을 줄이기 위해서는 벽에 들러붙는 자세가 바람직하다. 몸의 무게중심은 다리를 디딘 홀드의 바로 위에 놓는 것이 중요하다(❶). 벽이 수직에 가까울수록 허리를 벽면에 밀착시키노록 한다. 그렇게 되면 다리에 대부분의 체중이 실리기 때문에 손끝만 홀드에서 떨어지지 않도록 하면 된다.

벽이 오버행인 경우 ❷와 같이 홀드에 놓은 다리부터 무게중심까지의 거리를 최대한 짧게 만들고 그 다리부터 손으로 잡고 있는 홀드까지의 거리는 길게 취한다. 이렇게 하면 체중에 의한 회전력에 대항하여 잡는 힘을 감소시키고 벽에서 떨어지는 것을 막는다.

하지만 벽에 붙어만 있으면 올라갈 수 없다. 굽힌 다리를 펴고 다른 홀드에 손가락을 거는 동작을 반복하면서 이동해 나가야 한다. 이동 방법을 무브라고 하는데 몸을 비틀어 홀드를 잡으러 가는 무브와 정면으로 마주 보는 무브가 있다.

다리를 이동하는 순간 기점의 다리는 미끄러지기 쉽다. 홀드에 건 다리의 힘이 홀드와 다리의 마찰력보다 크면 미끄러지게 된다.

마찰력이 크면 벽에 직접 붙인 다리도 미끄러지지 않는다. 마찰력의 크기

① 벽면에 붙는 기본 자세

· 벽에 붙어 있는 듯한 자세가 기본
· 벽에 붙어 있는 자세가 손의 부담을 줄여준다.
· 몸의 무게중심은 다리를 딛고 있는 홀드의 바로 위에 둔다.
· 벽이 수직에 가까울수록 허리를 벽면에 붙인다.

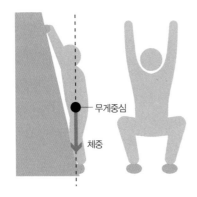

무게중심

체중

② 벽이 오버행인 경우의 기본 자세

· 오버행의 경우는 홀드에 둔 다리부터 무게중심까지의 거리를 최대한 짧게 만든다.
· 반대로 다리부터 손으로 잡고 있는 홀드까지의 거리는 길게 잡는다.
· 이 자세가 체중에 의한 회전력에 대항하여 잡는 힘을 감소시키고 벽에서 떨어지는 것을 막는다.

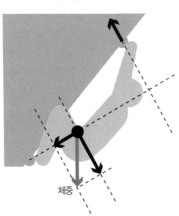

체중

는 벽면에 수직으로 작용하는 힘에 마찰계수를 곱한 값이다. 벽에 수직으로 거는 힘이 크면 마찰력도 커진다. 마찰계수가 큰 신발을 신는 것도 한 방법이다. 무게중심과 벽에 접촉하고 있는 다리를 그은 선이 벽과 평행을 이룰수록 벽을 누르는 힘이 약해지면서 미끄러져 버린다.

볼더링에서 마찰계수는 다리가 움직일 때 작기 때문에 홀드를 천천히 잡거나 다리를 걸어 마찰계수를 크게 만들 필요가 있다. 뛰어오르려고 다리를 급하게 차면 가속도가 커져 쓸 데 없는 힘이 든다. 벽면은 수직에 가까운 각도로 되어 있어서 홀드를 찬 뒤 뛰어오르려고 하거나 급하게 이동하려고 하면 정지 상태에서 마찰력의 크기를 넘어버리기 때문에 미끄러지고 만다. 이동은 가능한 한 천천히 움직여야 잘 미끄러지지 않는다.

41 자전거
급커브에서 원심력과 마찰력의 균형을 잡으려면?

올림픽 종목인 로드레이스는 여자가 100km, 남자가 200km의 포장도로를 자동차 정도의 속도인 60km 가까이의 스피드로 달린다. 레이스에서는 두 가지가 중요하다. '골 직전의 추월(결승점 앞에서 앞지르기)을 고려하여 체력을 보존할 것', '코너링에서 타임을 떨어뜨리지 않을 것'이다.

페달을 밟는 체력을 보존하려면 세로로 줄을 지어서 달려야 한다. 간격이 너무 떨어지지 않도록 아슬아슬한 거리를 유지하는 데 주의하면서 공기 저항을 술인다. 스케이트의 팀 추월과 같다고 보면 된다(❷). 코너링에서는 커브의 중심으로 향하는 힘(향심력)을 걸어야 한다. 향심력이란 몸을 커브 라인의 중심 방향을 향할 때 생기는 체중의 방향 성분이다. 향심력에 대한 관성력으로 스피드의 제곱(스피드×스피드)에 비례하는 커브의 바깥쪽 방향의 힘(원심력)이 걸렸을 때 균형이 잡히므로 안쪽으로 쓰러지지 않고 기울인 자세 그대로 코너링을 할 수 있다.

원심력은 타이어를 커브 바깥쪽으로 미끄러지도록 작용하지만 노면과 타이어와의 마찰이 그것을 막고 있다. 속도가 올라가면 원심력도 커지는데 원심력이 마찰력을 웃돌면 미끄러진다. 하지만 어떤 커브든 몸의 기울기가 똑바로 선 축으로부터 17°라면 넘어지지 않고 돌 수 있다. 각도가 타이어와 노면의 마찰계수에만 의존하기 때문이다. 일반 타이어의 경우 마찰계수는 보통 $\mu = 0.3$이므로 기울인 각도 θ 는 $\theta = \tan^{-1} \mu$ 이다. 원심력은 다음과 같다.

$$F_c = m \frac{v^2}{R}$$

이것이 마찰력($= \mu mg$)보다 작으면 미끄러지지 않으므로 다음과 같이 나타낼 수 있다.

$$v \leq \sqrt{\mu g R}$$

R은 커브의 반경, m은 질량이다. 도로의 급커브에는 노란 표식 아래에 [R = 100m] 등이 쓰여 있는 보조 표식이 있다. 이 숫자가 작을수록 반경이 작은 원호가 되므로 급커브가 된다. 여기서 커브를 돌 때 타이어가 노면에 미끄러지지 않는 속도 v를 구해보자. R = 100m인 경우 v = 17m/s이므로 시속 60km 이하로 돌면 미끄러지지 않는다. 산길의 경우 R = 30m인 급커브도 있다. 이 경우는 v = 9m/s, 시속 33km 이하의 속도가 안전하다는 것이다.

이렇게 보면 급커브에서는 스피드를 줄여야 한다는 것과 몸을 커브 방향으로 조금 기울이는 것이 중요하다는 것을 알 수 있다.

❶ 바퀴와 노면의 원심력과 마찰력

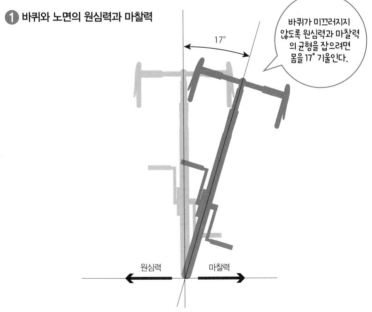

바퀴가 미끄러지지 않도록 원심력과 마찰력의 균형을 잡으려면 몸을 17° 기울인다.

17°

원심력   마찰력

❷ 로드레이스의 경우 공기 저항을 줄이기 위해 횡렬로 달린다.

42
스케이트보드

데크를 돌리는 고난이도 기술은?

스케이트보드는 판(데크)에 4개의 바퀴(휠)를 붙인 것이다. 데크에서 몸을 가로로 하고 왼쪽 다리가 앞쪽(노즈), 오른쪽 다리가 뒤쪽(테일)이 되게 타는 폼을 레귤러 스탠스라고 한다. 반대로 오른쪽 다리가 앞쪽, 왼쪽 다리가 뒤쪽이 되게 타는 것은 구피 스탠스라고 한다. 데크의 윗면은 미끄러지지 않도록 까칠까칠하게 마감되어 있다.

달리는 힘의 기본은 푸시다. 앞 다리를 앞쪽 비스 부근에 실어 무게중심을 두고, 뒷다리로 지면을 찬다. 찬 다리를 뒤쪽 비스 부근에 싣고 나아가고 속도가 널어지면 다시 찬다. 데크에 탄 채로 보드의 앞쪽을 좌우로 흔들어 그 반동을 이용해 나아가는 틱택이라는 방법도 있다.

얼굴을 등 쪽으로 돌리고 무게중심을 뒤꿈치로 이동하여 데크를 기울이면 왼쪽으로 돌고, 발끝 쪽으로 무게중심을 두면 오른쪽으로 돈다(❷). 어깨를 돌고 싶은 방향으로 향하게 하면 더 강하게 돌 수 있다. 데크가 기울어지면 2개의 바퀴 축이 기울어진 방향의 안쪽 방향이 되기 때문에 돌게 되는 것이다. 또 앞바퀴를 띄워서 데크를 돌리면 급회전을 할 수 있다. 멈추고 싶을 때는 데크의 뒤쪽을 지면에 비벼서 브레이크를 걸면 된다.

스케이트보드 경기에는 길거리의 경사면, 연석, 난간, 계단 등을 기술을 구사하여 타는 '스트리트'와 포장된 공간에 각종 구조물(섹션)을 설치하고 경기를 하는 '파크', 평지에서 기술을 겨루는 '프리스타일'이 있고, 이밖에도 '플랫랜드', 대형 하프파이프(버티컬램프)에서 점프하여 연기하는 '버티컬'과 '버드', 일렬로 줄 지은 파이론을 통과하는 '슬라럼', 비탈길을 내려가는 "다운힐 등이 있다. 이중에서 '파크'와 '스트리트'는 2020년 도쿄 올림픽 경기로 채택됐다.

기술도 다양하다. 어려운 기술 습득이 필요한 알리 계열(데크 째로 점프), 더 고난이도의 플립 계열(점프 중에 데크를 회전)이 있다. 고난이도 기술을 트릭이라고 하며, 기술의 성공을 메이크라고 표현한다. 메이크율은 성공율을 뜻한다. 루틴은 트릭을 매칭하는 연기다. 보드와 사람이 하나가 되는 연기를 요구한다.

❷를 참고로 보드를 회전시키기 쉬운(관성 모멘트) 물리를 생각해 보자. 긴 쪽 방향(x 방향)의 축으로 회전하는 경우 짧은 폭(b)의 물체를 돌리므로 가장 쉽다(I_x가 최소). 이에 반해 폭 방향(y 방향)의 축으로 회전하는 경우는 길이(a)가 폭보다 길기 때문에 그만큼 회전시키기 어렵다($I_y > I_x$). 게다가 보드와 수직 방향(z 방향)을 축으로 회전할 때는 길이와 폭을 둘 다 포함한 회전이 되므로 가장 돌리기 어렵다($I_z > I_y > I_x$). 이로써 회전이 어려운 트릭에서 완벽하게 보드를 회전시키면 점수가 높아지는 원리를 명확히 알 수 있다.

❶ 스케이트보드의 회전 방법(앞에서 본 그림)

뒤꿈치 쪽으로 무게중심을 이동시켜 등 쪽으로 돈다.　발끝 쪽으로 무게중심을 이동시켜 배 쪽으로 돈다.

❷ 스케이트보드의 판의 회전 축

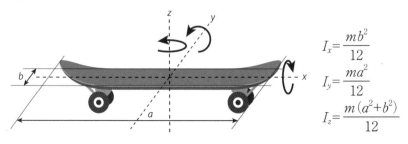

$$I_x = \frac{mb^2}{12}$$

$$I_y = \frac{ma^2}{12}$$

$$I_z = \frac{m(a^2 + b^2)}{12}$$

43

패러글라이더 &
행글라이더

2개의 '글라이더'는 나는
메커니즘이 다르다

패러글라이더는 기본적으로 낙하산과 같은 원리이지만, 위쪽 방향 항력은 큰 채로 두고 전후 방향의 항력을 작게 하여 앞으로 나아가도록 한다. 전체 모양은 타원형 날개이므로 스팬 방향의 양력 분포도 타원이다. 그래서 날개 끝에 소용돌이가 생기기 어렵고 유도 저항이 작으므로 동력이 없는 글라이딩에 적합하다. 날개는 보통의 날개와는 달리 나일론 섬유제로 된 유연한 날개다(캐노피라고 한다). 라인에 이어진 날개 끝을 변형시켜 공기역학 중심을 옮긴 뒤 롤링 및 요잉(yawing)을 일으켜 회전한다.

옆에서 보면 조종자는 날개 코드의 정중앙에 위치해 있다. 날개의 공기역학 중심은 앞 가장자리부터 4분의 1 코드 길이 부분에 있으므로 날개에 잉각이 생기는 모멘트가 작용하여 양력이 발생하는 것이다. 모멘트가 걸려도 조종자는 날개 아래에서 떨어진 위치에 있으므로 뒤집히는 일은 없다. 브레이크는 플레어라는 주 날개의 앙각을 올려 저항을 증대시켜 조작한다. 때문에 날개에 의해 한결같은 하강기류를 만드는 반발력으로 양력이 발생하여 스피드가 떨어지는 것이다.

행글라이더는 삼각형의 두 변에 있는 파이프에 합성섬유 날개(세일)를 단 삼각날개를 갖고 있는 기체다. 이 날개는 로가로익(Rogallo Wing)으로, 대기에 재돌입한 우주선을 글라이딩으로 되돌리기 위해 NASA가 개발했다. 날개 앞부터 뒤쪽 끝까지 거의 중앙에 컨트롤 바가 달려 있어 그것을 하네스 봉투에 넣은 조종자가 쥔 뒤 팔을 신축시켜 피칭, 체중 이동으로 회전시킨다. 무게중심 이동에 의한 롤링 조작도 함께한다. 반대 방향으로 회전하는 한 쌍의 소용돌이로 인해 생기는 하강기류의 반발력으로 양력이 발생한다는 점에서는 패러글라이더와 메커니즘이 다르다.

① 패러글라이더

캐노피를 위에서 본 그림

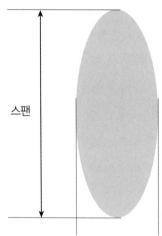

스팬

옆에서 본 그림

양력

앙각

② 행글라이더

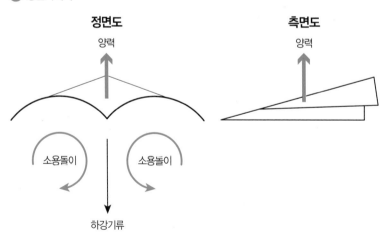

정면도

양력

소용돌이 소용돌이

하강기류

측면도

양력

44
카이트와 연

머리 위에서 정지하는 카이트와 바람과 싸우는 연의 차이는?

게일라 카이트(Gayla Kite)나 스포츠 카이트는 NASA에서 개발한 로갈로익이라는 막익(Membrane Wings)을 사용한다. 그래서 양력을 발생시켜 떠오르게 된다. 게일라 카이트가 줄에 연결되어 공중에 정지해 있는 상태를 옆에서 보면 ❶과 같다. 보통 날개의 공기역학 중심은 앞 가장자리에서 4분의 1 코드만큼 위치에 있지만 게일라 카이트의 삼각날개는 거의 2분의 1 코드 길이다. 줄은 항상 그 점을 향해 있다.

날개이기 때문에 맞바람에 대해 앙각이 15° 이상이면 양력이 발생하지 않는다. 그 이상이 되면 항공기에서 말하는 실속 상태가 되어 낙하한다. 그래서 게일라 카이트는 거의 머리 바로 위와 가까운 곳에 떠서 정지해 있다.

스포츠 카이트에는 2줄의 줄이 평행하게 붙어 있다. 좌우 줄을 당기거나 느슨하게 하면 날개의 좌우 양력 밸런스가 무너져 운동한다. 그래서 마치 UFO와 같은 움직임을 만들 수 있다.

연은 연에 닿는 바람의 방향을 아래 방향으로 바꾼 힘의 반발력에 의해 올라간다. 얇은 판의 끝에서부터 바람의 흐름이 박리되기 때문에 연 뒤쪽의 압력이 낮아져 표면과 뒷면의 압력차가 항력이 된다고 설명할 수 있다.

항력이기 때문에 바람의 흐름에 대해 연의 앙각은 커진다. 이를 확보하기 위해 꼬리를 붙여 가능한 한 서 있는 자세가 되도록 한다. 따라서 줄은 게일라 카이트의 바로 위쪽 방향과 비교하여 아래 방향이 되는 것이다.

또 연의 양쪽 가장자리로부터 소용돌이가 교대로 발생함으로써 항력도 변동하고 그 주기로 흔들리며 자세가 안정되지 않는다. 그런데 이 불안정 상태가 연을 조종하거나 바람과 대화하는 것처럼 느껴져 재미있다.

❶ 양력을 발생시키는 게일라 카이트

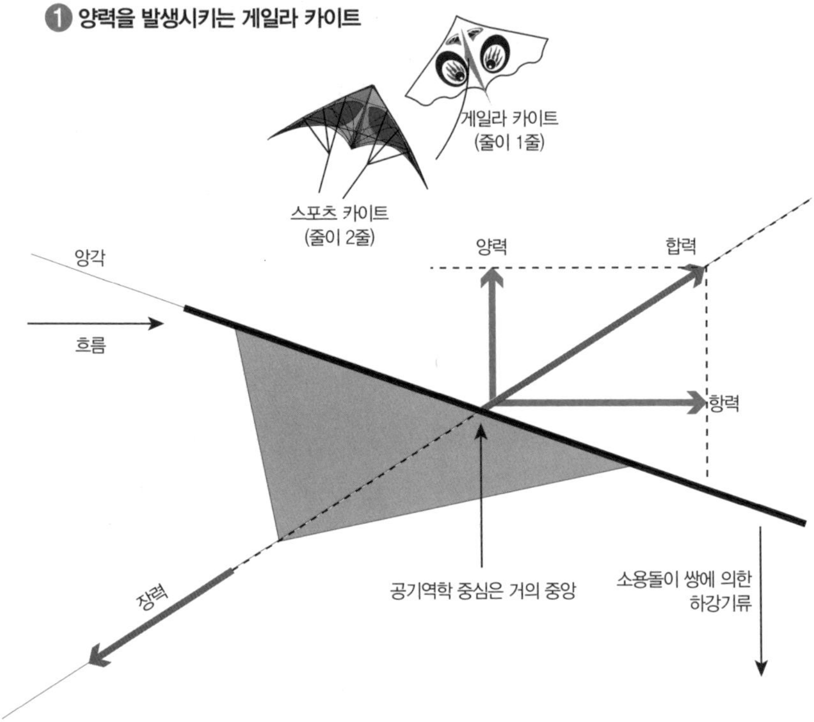

게일라 카이트
(줄이 1줄)

스포츠 카이트
(줄이 2줄)

앙각

흐름

양력

합력

항력

장력

공기역학 중심은 거의 중앙

소용돌이 쌍에 의한
하강기류

❷ 연의 흐름을 편향시킨 반발력으로
오르는 연

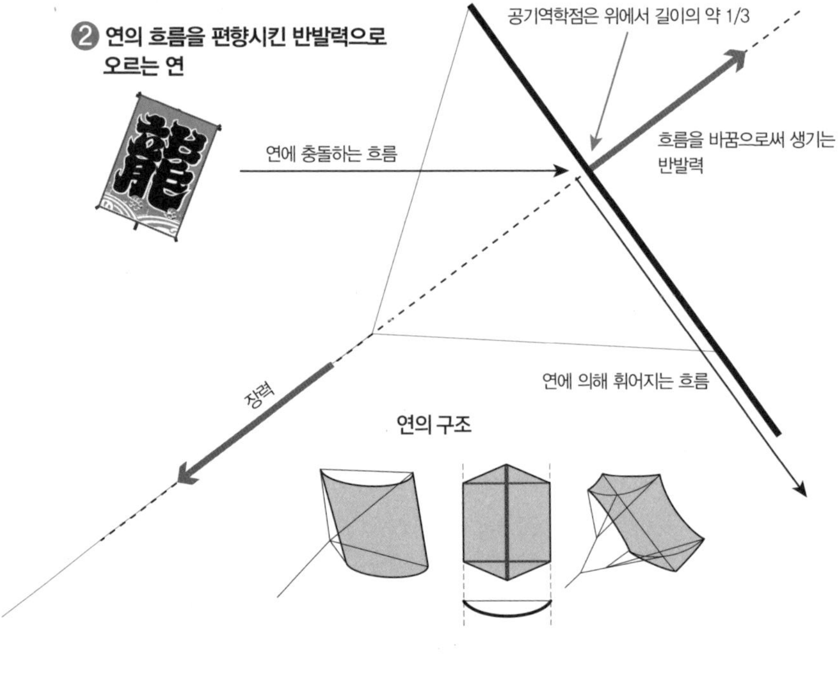

공기역학점은 위에서 길이의 약 1/3

연에 충돌하는 흐름

흐름을 바꿈으로써 생기는
반발력

장력

연에 의해 휘어지는 흐름

연의 구조

45 플라잉디스크

조준한 지점에 던지기 위해 디스크를 놓는 방법은?

플라잉디스크에는 몇 가지 종류가 있는데 스포츠디스크의 직경은 27cm, 두께는 3cm, 무게는 175g이다. 오른손으로 디스크 끝을 잡고 던지고 싶은 방향으로 반원 궤도로 돌리고 원주상의 접선 방향이 일치하는 부분에서 손가락을 놓으면 디스크 본체는 반시계방향으로 회전하면서 그 방향으로 날아간다. ('프리스비'는 등록상표명이므로 본문에서는 사용하지 않음).

❷에 보이는 것처럼 손가락을 놓을 때 팔의 회전과 디스크의 회전의 접선 방향의 속도가 일치하므로 팔의 길이를 r_a, 각속도를 ω_a, 디스크의 반경을 r_f, 각속도를 ω_f라고 하면 접선 방향 속도 v는 $v = r_a\omega_a = r_f w_f$와 같은 관계가 성립하므로 디스크의 각속도 ω_f는 다음과 같이 구할 수 있다.

$$\omega_f = \frac{r_a\,\omega_a}{r_f}$$

이렇게 팔이 긴 사람일수록 회전수가 올라가지만 가령 팔이 짧아도 팔의 각속도를 빨리 하면 같은 결과를 낼 수 있다. 예를 들어 0.15초에 길이 70cm인 팔을 90° 돌리면 각속도 ω_a는 $\pi/2 \div 0.15 = 10.47\text{rad/s}$, 접선 방향 속도는 $v = 7.33\text{m/s}$가 된다. 이 팔을 휘둘러 던진 디스크는 $\omega_f = 10.47 \times 0.7 \div 0.13 = 54.3\text{rad/s}$의 회전을 얻는다. 날아가는 디스크의 비행 속도는 앞에서 구한 속도와 같으므로 7.33m/s다. 가령 높이가 1.5m인 지면 위에서 던졌을 때 공기 저항이 없는 자유 낙하인 경우 0.55초 날고, 전방 $7.33 \times 0.55 = 4\text{m}$ 지면에 떨어져야 한다. 그런데 실제로는 좀 더 멀리까지 날아간다. 위쪽 방향의 힘이 디스크에 작용하기 때문이다.

진행 방향으로부터 직각으로 작용하는 위쪽 방향의 힘을 항공 공학에서는 양력이라고 한다. 보통 양력은 날개에서 발생하는 것을 전제로 하기 때문에 그 연장선상에서 디스크의 양력 발생을 설명하곤 한다. 무회전이라면 그렇다 쳐도 ❸과 같이 디스크를 뒤에서 보면 회전에 의해 위쪽 면의 상대 속도 U가 오른쪽에서는 7.33m/s+7.33m/s = 14.66m/s, 왼쪽에서는 7.33m/s−7.33m/s = 0m/s이 돼버린다. 속도 u m/s의 흐름에 있는 날개 면적 s m^{2}가 날개에 의해 발생하는 양력 L에 대해서 양력 계수 C_L을 사용하면 다음과 같은 식이 구해진다.

$$L = C_L \frac{1}{2} \rho U^2 S$$

이로써 디스크의 오른쪽에서 발생하는 큰 양력부터 왼쪽에서 발생하는 작은 양력까지 2차 곡선이 분포된다. 그래서 이 상태에서는 왼쪽으로 롤링하고 왼쪽으로 기울어진 선회를 해야 한다.

그런데 디스크는 앞에서 구한 것처럼 어떤 각속도로 자전하고 있기 때문에 자이로 효과(기울이는 힘이 가해져서 원래로 되돌리려는 힘이 발생하는 효과)로 처음의 자세를 계속 유지하면 양력 분포가 편중되어도 왼쪽으로 기울어진 선회는 하지 않는다. 단, 각속도가 빠르면 마찰도 커져 회전은 감속한다. 그 결과 자이로 효과는 감소하여 롤링하고 왼쪽으로 선회한다. 이런 움직임을

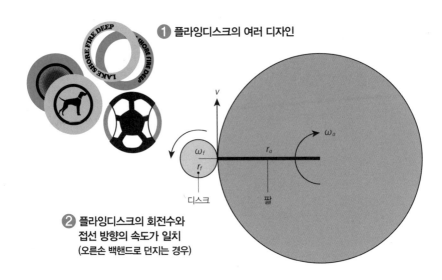

❶ 플라잉디스크의 여러 디자인

❷ 플라잉디스크의 회전수와
접선 방향의 속도가 일치
(오른손 백핸드로 던지는 경우)

예측하여 오른쪽으로 기울어진 상태에서 던지면 최종적으로는 수평 자세로 날아가게 되는 것이다.

가운데에 구멍이 뚫려 있는 링 모양의 디스크도 있다. 이런 디스크는 어떻게 양력을 얻는지 살펴보자.

단순히 진행 방향에 대한 직각 방향의 힘뿐이라면 디스크가 낙하할 때의 모양은 밥그릇과 같은 둥근 모양이므로 저항계수는 $C_D = 1.43$ 정도다. 상하를 뒤집으면 저항계수는 $C_D = 0.38$이 된다. 디스크의 무게중심은 표면보다 아래쪽 공간에 있지만 양력이나 항력은 표면에 걸린다. 그래서 디스크가 기울어져도 무게에 의한 복원력이 발생한다. 회전하고 있으면 자이로 효과로 그 이상의 복원력이 작용하지만 무회전이어도 안정된 자세를 취할 수 있다. 낙하산과 같다고 생각하면 된다. 낙하 시 저항력이 위로 향하기 때문에 마치 양력처럼 보이는 것이다. 즉, 링 모양 디스크는 보통의 디스크와는 뜨는 메커니즘이 다르다.

③ 플라잉디스크가 나는 뒤쪽의 상태

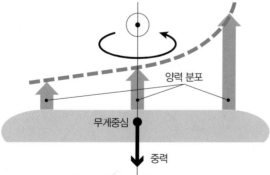

양력 분포

무게중심

중력

· 공기는 그림 뒤쪽에서 앞쪽을 향해 흐른다.
· 오른손으로 던진 경우 위에서 보면 반시계 방향으로 회전한다.
· 왼쪽은 상대 흐름이 느리므로 양력이 작다.
· 오른쪽은 상대 흐름이 빠르므로 양력이 크다.

46
힙합 댄스

마이클 잭슨은 몸의 상하 운동으로 무게중심을 0.57m 이동시킨다?

댄스에서 몸을 흔드는 동작을 매달린 원통의 흔들림으로 바꿔 생각해 보자(❶). 무게중심은 원통 길이의 2분의 1 위치이다.

이 상태에서는 진폭이 작은 흔들림의 주기 T를 다음과 같이 구할 수 있다.

$$T = \frac{2\pi}{\omega} = 2\pi\sqrt{\frac{I}{mgL}} \quad \rightarrow ①$$

여기에 그림과 같이 매단 원통의 회전 관성은 다음 식으로 주어진다.

$$I = \frac{1}{4}m\left(\frac{D^2}{4} + \frac{(2L)^2}{3}\right) + mL^2 \rightarrow ②$$

가령 체중이 60kgf인 댄서의 무게중심을 머리끝에서부터 L = 0.8m인 위치라고 하고, 동체 주위의 치수로부터 직경 D = 0.25m인 원통을 가정하면 이로부터 T = 2초가 나온다. 한 주기가 2초이므로 오른쪽으로 흔들리는 데 1초, 왼쪽으로 흔들리는 데 1초가 된다.

오른쪽+왼쪽 1비트로 흔들린다면 1분 동안에는 1beat/2sec × 60sec/min = 30beats/min(bpm)가 된다. 리듬을 오른쪽으로 흔들어 1beat, 왼쪽으로 흔들어 1beat와 같은 박자가 되면 2beats/2sec × 60sec/min = 60bpm이 된다. 이것은 천천히 걷는 정도의 템포이다.

❷와 같이 가벼운 실이나 봉으로 매단 둥근 추의 주기는 무게중심 주변의 모멘트를 무시할 수 있으므로

$$T = 2\pi\sqrt{\frac{L}{g}} \quad \rightarrow ③$$

에 의해 길이에만 의존한다. 길이가 1cm인 귀걸이가 흔들리는 주기는 T = 0.2초이고 템포는 300bpm이다. 길이가 1.55cm인 경우는 240bpm이

되어 노래에 따라 춤을 추면 귀걸이도 세게 흔들리게 된다.

통통 튀는 댄스(❸)를 무게중심의 상하 운동으로 생각해 보자. 파형의 골부터 골(마루에서 마루까지)까지의 시간 T를 한 주기로 한다. 다리(손을 사용하는 댄스도 있다)를 이용해 중력을 거슬러 뛰는 F[N]의 힘으로 몸을 h 높이까지 들어올린다. 이 경우 아래 방향으로 자유낙하하게 된다. 뛰어오르는 동작은 사물을 처음 속도 v_0에서 던지는 것과 같으므로 다음과 같이 나타낼 수 있다.

$$y= -\frac{1}{2}gt^2 + v_0 t \quad \rightarrow \text{④}$$

따라서 주기 T는 $T = 2v_0/g$로, 높이 h는 $h = v_0{}^2/(2g)$로 구할 수 있다.

유로비트의 곡 200bpm을 타서 2박자에 한 번 점프하면 $T = 0.6$sec로부터 $v_0 = 2.9$m/s, $h = 0.44$m가 된다. 이것은 마사이족이 춤출 때의 점프와 연결된다. 비트마다 점프하면 $T = 0.3$sec로부터 $v_0 = 1.5$m/s, $h = 0.11$m가 되어 11cm 뛰어오르면 이 템포를 타고 춤출 수 있게 된다. 마이클 잭슨의 'beat it', 'Captain EO'나 Exile의 'New Horizon'은 템포가 176bpm으로 2박자에 한 번꼴로 스텝을 밟는다. 몸의 상하 운동으로 무게중심이 0.57m 이동하는 듯한 춤을 추고 있는 것이다.

템포가 좋은 섹시 댄스곡으로 알려진 비욘세의 곡은 130bpm ($T = 0.46$sec), 레이디가가는 150bpm($T = 0.40$sec), 마돈나는 160bpm ($T = 0.38$sec)이고 인도의 댄스곡도 160bpm($T = 0.38$sec)이다. 참고로 일본의 선창 템포를 예로 들면 도쿄 선창 143bpm($T = 0.42$sec), 홋카이 봉우타 112bpm($T = 0.54$sec), 야기세츠 135bpm($T = 0.44$sec)으로 되어 있다. 봉오도리는 대개 2박자에 한 번 동작하기 때문에 대략 0.9~1초의 템포를 가진다. 걸을 때보다 천천히 움직이는 동작이 오래된 일본 음악의 춤인 듯하다.

❶ 매단 원통의 흔들림

몸을 흔드는 움직임을 매단 원통의
흔들림으로 치환

❷ 이어링의 흔들림

길이 1cm인 귀걸이가 흔들리는 주
기는 $T = 0.2$초, 템포는 300bpm.
길이가 1.55cm이면 240bpm.

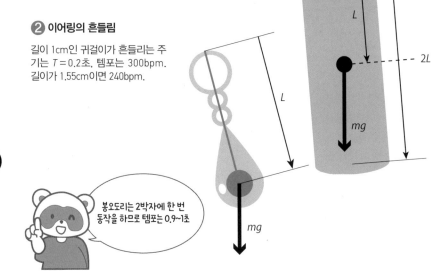

봉오도리는 2박자에 한 번
동작을 하므로 템포는 0.9~1초

❸ 뛰어오르는 댄스에서 무게중심의 상하 운동

뛰어오르는 동작은 마사이족의
점프 댄스와 비슷하다!?

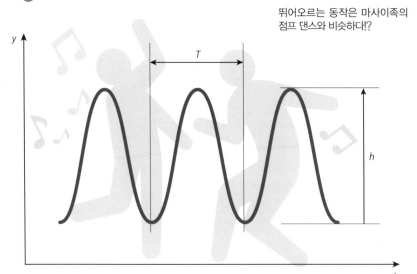

잠 못들 정도로 재미있는 이야기
물리로 보는 스포츠

2020. 6. 30. 1판 1쇄 발행
2023. 11. 8. 1판 2쇄 발행

지은이 | 모치즈키 오사무(望月 修)
감 역 | 이재우
옮긴이 | 이영란
펴낸이 | 이종춘
펴낸곳 | **BM** (주)도서출판 **성안당**
주소 | 04032 서울시 마포구 양화로 127 첨단빌딩 3층(출판기획 R&D 센터)
      10881 경기도 파주시 문발로 112 파주 출판 문화도시(제작 및 물류)
전화 | 02) 3142-0036
      031) 950-6300
팩스 | 031) 955-0510
등록 | 1973. 2. 1. 제406-2005-000046호
출판사 홈페이지 | www.cyber.co.kr
ISBN | 978-89-315-8883-5 (03420)
       978-89-315-8889-7 (세트)
정가 | 9,800원

이 책을 만든 사람들
책임 | 최옥현
진행 | 정지현
본문 디자인 | 이대범
표지 디자인 | 이대범, 박원석
홍보 | 김계향, 유미나, 정단비, 김주승
국제부 | 이선민, 조혜란
마케팅 | 구본철, 차정욱, 오영일, 나진호, 강호묵
마케팅 지원 | 장상범
제작 | 김유석

이 책의 어느 부분도 저작권자나 **BM** (주)도서출판 **성안당** 발행인의 승인 문서 없이 일부 또는 전부를 사진 복사나 디스크 복사 및 기타 정보 재생 시스템을 비롯하여 현재 알려지거나 향후 발명될 어떤 전기적, 기계적 또는 다른 수단을 통해 복사하거나 재생하거나 이용할 수 없음.

"NEMURENAKUNARUHODO OMOSHIROI ZUKAI BUTSURI DE WAKARU SPORTS NO HANASHI"
by Osamu Mochizuki
Copyright ⓒ Osamu Mochizuki 2018
All rights reserved.
First published in Japan by NIHONBUNGEISHA Co., Ltd., Tokyo

This Korean edition is published by arrangement with NIHONBUNGEISHA Co., Ltd., Tokyo in care of Tuttle-Mori Agency, Inc., Tokyo through Duran Kim Agency, Seoul.

Korean translation copyright ⓒ 2023 by Sung An Dang, Inc.

이 책의 한국어판 출판권은 듀란킴 에이전시를 통해 저작권자와
독점 계약한 **BM** (주)도서출판 **성안당**에 있습니다. 저작권법에 의하여
한국 내에서 보호를 받는 저작물이므로 무단전재와 무단복제를 금합니다.